松明教你心理术

松明◎著

团结出版社
UNITY PRESS

图书在版编目（CIP）数据

松明教你心理术 / 松明著 .-- 北京：团结出版社，2017.7

ISBN 978-7-5126-5383-2

Ⅰ. ①松… Ⅱ. ①松… Ⅲ. ①心理学—通俗读物 Ⅳ. ①B84-49

中国版本图书馆 CIP 数据核字（2017）第 180057 号

出　版：团结出版社

（北京市东城区东皇城根南街 84 号　邮编：100006）

电　话：（010）65228880　65244790

网　址：www.tjpress.com

E-mail：65244790@163.com

经　销：全国新华书店

印　刷：北京天宇万达印刷有限公司

开　本：880×1230　1/32

印　张：6

字　数：100 千字

版　次：2017 年 7 月　第 1 版

印　次：2017 年 7 月　第 1 次印刷

书　号：978-7-5126-5383-2

定　价：39.80 元

序
PREFACE

Mind =心灵，Hacking =操控。

这本书将告诉你，如何去操控别人的心。不仅仅是单纯的读心，而是真正的在日常生活中操控别人的行为。

我想对看到这本书的封面而购买它的你提一个问题：

书的封面及标题里隐藏着的“心理术”，你发觉了吗？

首先，在我们身边目所能及的物体上，都有着丰富多彩的颜色。颜色里蕴藏着不可思议的力量，颜色的特征和效果也影响着我们的身体和心理。其实我在本书的封面设计上，就利用了色彩的特性，通过色彩心理学的暗示，在潜意识里刺激你的购买欲望。

封面上只用了三种颜色，分别是黑色、白色、黄色。

黑色

作为封面背景色，黑色是不会反光的颜色，它可以吸收和切断周围所有的颜色，从而能够吸引购买者的注意力。另外黑色还有四个特性：收缩、后退、强硬和重量。这四个特性融合在一起，更突显出这是一本自我主张色彩很浓、崇尚完美主义的人写的书。（正因为你也是完美主义者，你才会想知道我的"心理术"能为你的生活带来多大的启示和帮助。）

与此同时，黑色还兼具两种感觉：

一种是权威感。目前市面上关于"心理术"的书籍很少，而且大多数是以编译为主，完全由国人原创的更是少之又少，这也是本书权威性的体现。

一种是神秘感。"窥探人心，操纵意识"，这毕竟不是教科书上有的知识，也不是老师在课堂上所能教给大家的心理技巧。它是一门研究人类深层心理的学问，肯定披着一层神秘的面纱。

对向往着权威和有着一颗探求神秘的心的你来说，难道黑色没有激发你想拥有这本书的欲望吗？

白色

我在封面标题上使用了白色。白色与黑色恰好相反，它能反射所有的光，而且反光能力是所有颜色中最强的。把白色标题置于不反光的黑色背景之上，形成强烈的对比，更加容易引人注目。而且，黑与白是象征客观事实的色彩，两种颜色的组合，会让人联想到“明确”“真理”“信赖”等意义。人们常用“白纸黑字”来说明某人获得了比口头承诺更具约束力的重要证据，这里虽然是“黑纸白字”，但同样具有不容置疑的心理效果。

所以，书名的一部分和我的名字都使用了代表着圣洁的和能使人焕然一新的白色。

黄色

我在标题中还使用了黄色。首先黄色是色彩里亮度最高的颜色，而且也是危险的信号。自然界中的动物，如老虎、狮子、蜜蜂等，都能通过自身的黄色来刺激我们的交感和副交感神经，从而唤起我们的注意力。黄色同样能让这本书在书店里显得非常醒目。

在色彩心理学中，黄色象征太阳、光明，会带给人以希望和惊喜的心情。黄色能刺激左脑来提高我们的理解力、记忆力和判断力，同时也能解除我们心中的不安。往往自我主张比较强的人也会喜欢黄色。我在设计封面时，除了运用黑白两色，同时也加入了黄色，这也使得这本书在严肃中透出一丝灵动与活泼。

其次，我利用的是名人效应。

A.书的封面上有我的照片，对那些没有听说过“心理术”的人来说，会觉得印有我照片的书更值得信赖，从而产生购买欲：

“是松明啊，我在电视上见过他。”

“我看过他的节目！”

“他的书呀，那就买来读读看吧。”

和一般的心理学书籍相比，读者会优先考虑购买这本书。

B.封面上这张照片，也是一张有故事情节的照片。

当你看到我用手做出“3”的手势，而腰封又挡住了下半部分时，你会急切拉开腰封，想看到完整的封面到底是什么样的。当你在拿起书这样做的时候，我就成功地吸引了你的注意力。

而且照片显示，我在没有看到骰子的情况下，用手比出了对方手里骰子的点数，让人一目了然地知道这本书是与“猜透人心”有关联的，既保持了神秘感，又增强了“心理术”对你的吸引力。

最后，我在节标题上使用了“30”这个数字，这会让人联想到一个月。

这个数字可以给人一种心理暗示：无论多忙，如果一天掌握一个方法，只需要一个月的时间就可以掌握这本书里所介绍的全部技巧。

接下来，就让我试着“读取”一下你的个性。

“你准备好了吗？请看着我的眼睛！”

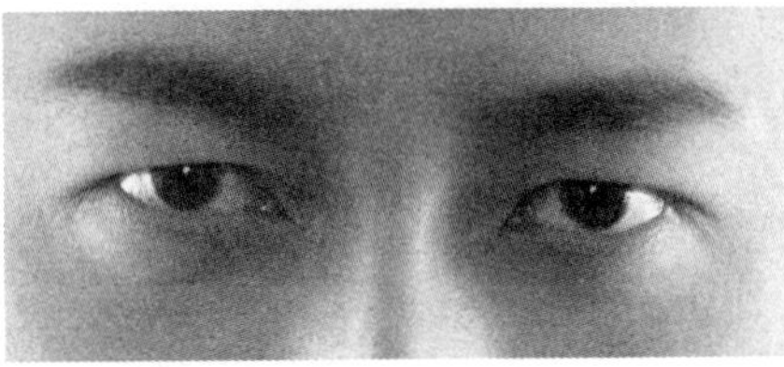

1.你在生活中属于渴望受到关注，被上司或者朋友们认可，而且想成为一位受欢迎的人。

2.你偶尔会有一些不切实际的野心。

3.你既有性格外向的一面，容易亲近，善于交际，但内心深处却很内向，谨慎，对任何事物都有所保留。

4.你属于向往自由，喜欢有一点与众不同，不喜欢被束缚，被规则所限制的人。

5.有些时候你觉得对自己要求不够严格，这使得你表面看起来很有自信，但其实，你内心常常充满焦虑和不安。

这5条中有几条被我说中了呢？

当你觉得可怕的时候，记住，这就是“松明的心理术”！

那么，为什么我可以读懂你呢？

其实，这是利用了心理学家伯特伦·福勒著名的“巴纳姆效应”——又被称为“福勒效应”——中的冷读（coldreading）技巧。

这种心理技巧会让对方产生“这个人懂我，了解我”的错觉，从而更加信任你。

通过阅读这本书，你也可以读懂对方的想法，也可以运用技巧来左右对方的想法，成为和我一样的“心灵骇客”。

欢迎你来到“心灵骇客”的世界！

松明

目录
CONTENTS

Part 1 第一部分
什么是“心理术”

Part 2 第二部分 “心理术”的实用技巧

Part 1

第一部分

什么是“心理术”

第一部分：什么是“心理术”

导入篇

松 · 明 · 教 · 你 · 心 · 理 · 术 > > > > > >

第1节
我是如何接触“心理术”的

我出生在中国，在去日本之前就已经在国内开始了演艺活动。

当时我在一个偶像团体中担当队长一职。团队解散以后，我开始在表演学校做老师，教舞蹈和表演。那时为了搜集教学资料，我第一次接触到了日本四季剧团。他们的表演深深地触动了我，我深深地意识到：“自己还年轻，需要学习的东西还有很多！”

于是，我毅然踏上了留学东瀛的道路。

通过不懈的努力，我顺利地考入了日本大学的艺术学部，开始更直接地接触到了日本的社会和文化。在大学学习表演期间，最让我受益匪浅的是“理解了人的思维方式、了解了人的行为动机”。

为了研究、分析人的日常行为活动，我们经常要用到“5W1H”分析法。“5W1H”具体是指时间（When）、地点（Where）、人物（Who）、事件（What）、原因（Why）、方法（How）这六个方面。这种分析法既可以用来分析一个民族的历史变迁，也可以用来分析一个具体的、微观的人。在大学期间，我有幸学习了关于人的行为的“5W1H”分析。

当时，我考虑以一种独创的、至今没有人表演过的节目形式在日本艺能界出道。不幸的是，我在演出的时候出了点意外，由于脚部肌腱断裂，我不得不休息养伤。这次受伤的经历也让我有更多的时间来静心学习，也是在那段时间里，我偶然看到了一个英国心理术师的特别节目。他的表演对我产生了巨大的影响。

这位心理术师的名字叫达伦•布朗（Derren Brown）。他在英国是无人不知、无人不晓的，他震惊世界的表演是“俄罗斯轮盘赌”和在现场直播中预言彩票数字。表面上看来，这些很像是魔术表演，可当大家看完整个表演过程后，几乎所有的观众都不认为这是个魔术秀，而是一个研究人心、操控人潜意识的表演。我一口气在网上看完他几乎所有的表演，然后开始收集大量的心理学书籍，业余时间也在东京报名了心理学的选修课程。

最初，我打算把市面上能找到的有关心理学的书全部读透，但当我开始研读这些书籍的时候才发现，它们之间存在许多重复的内容，如果把这些书的内容大体总结、归类一下，也就几本书左右的知识量。

我弄清楚这些书大概的知识点后，对心理学的学习变得很顺利。与此同时，我也开始学习占卜，我很想弄清楚，占卜师或者算命先生为什么能够读懂人的内心，为什么能够知道我们心里在想什么。我想弄明白这些并不是希望成为占卜师，只是希望能够把占卜的一些心理技巧运用在我以后的节目中。为了能够更加完善自己的节目内容，我一直在研究如何把在心理学中学到的知识、技巧，都融入到表演里去。

当脚伤痊愈之后，我独创了很多“心理术”表演节目，并正式在日本的电视台出道，这时候，我需要给自己的节目想一个名字。因为“心理术”是以研究人心为主的，而且我的表演也是以类似“骇客”入侵电脑一样“入侵”人心的方式来展现的，“心灵”加上“骇客”，所以就有了“心灵骇客”这个名字。我认为这个名字能够很准确地诠释我的节目表演方式。

于是，“心灵骇客”——松明，就此诞生了。

第2节
“松明的心理术”的四大分支

“心理术”是包含了许多新技巧的、不同于以往的、全新类型的节目。整个节目体系大致由四部分构成。

第一部分，错引，也叫做错误引导（misdirection）**。**

即通过各种技巧、手段，来转移对方的注意力。面对明明能够注意到的事物，我们可以利用技巧，引导对方忽略某些细节，操控对方的注意力。

第二部分，暗示（suggestion）**，包括读心和诱导。**

即通过调整谈话内容的顺序，给予对方暗示，引导对方配合自己。通过交谈来暗示对方，可以提高表演的成功率。

第三部分，魔法（magic）**。**

表演的效果好像魔法一样的神奇。

第四部分，表演（performance）。

我曾学习过表演，把所学的表演技巧也融入到了“心理术”的表演中。

当然，没有学过表演技巧也没关系，最重要的是要对自己有信心，相信自己一定能“侵入”对方心里并操控他，只有对自己有信心了，整个表演才会让别人信服。

以上的四部分合在一起才能称之为“松明的心理术”。

“心理术”的技巧不仅仅可以运用在自己熟悉的人身上，对第一次见面的人一样有效。虽然是理所应当的事情，但我还是想要强调一下，迄今为止，我所有的表演中，从来没有使用过“托儿”。我和来电视台看节目录制的现场观众都是第一次见面。我能成功地解读第一次见面的观众，自然也可以解读任何人。

我的理念是，给来参加我节目的观众带来日常生活中所无法体验到的神奇与幸福的感觉。

“心理术”不仅仅可以用在他人身上，也可以用在自己身上。也就是我们常说的“自我暗示”。

比如，你希望改变自己不擅长和异性交谈的弱点。最简单的方法就是，把你理想中的自己的特点写下来，贴在房间里。如果你希望自己变得“能够自如地和异性交谈”，那就把这句话写下来并贴在你最容易看到的地方，例如书房、厕所、厨房等一些比较显眼的场所。每天看，每天看，它就会渐渐地印在你的潜意识中。

对人类来说，40%的新记忆只能在大脑中停留10分钟，每个人的大脑构造都一样，这是无法避免的生理现象。

我们的大脑会区分出我们需要和不需要的信息，并且很快遗忘那些不需要的信息。

我们经常会有这样一种感觉，明明是第一次来的地方，但会觉得眼前的一切好像在哪里见过，有一种似曾相识的既视感。其实，这就是我们的潜意识中记忆的碎片互相组合在一起的结果。以前去过的某些地方，那些相关的记忆随着时间的推移被打碎，比如A家的白墙，B家的沙发，C家的桌子等等。这些记忆的碎片被大脑随意地组合在了一起，大脑制造出了一个和眼前相似的场景，给我们一种“我曾经来过这里”的错觉。

再举个例子，某个午餐时间，你在餐厅就餐的时候，碰巧电视里在播放猪骨拉面的特别节目。你一边吃午餐，一边看电视节目；当时没有太在意。但两周以后，你突然很想吃猪骨拉面，你会觉得这是自己想吃拉面，其实这是两周以前电视节目的记忆在你的脑中浮现出来的结果。

像这样的自我暗示是在我们无意识的状态下进行的，而把鼓励自己的话语贴在房间里，是有意识的行为，同样可以有效地进行自我暗示。贴在房间里的话语，会在不经意间印刻在我们的大脑中，当我们在进行某个行为活动的时候，大脑会向我们发出某些指令，“应该这样做”“也许这样做更好”。

对自己进行必要的心理暗示会让你更容易获得成功。

我们每个人都有被暗示性。“涂抹药膏实验”是研究被暗示性最著名的实验。实验者给接受实验的人涂抹药膏，并告诉对方“这个药膏会引发皮肤过敏”，用不了五分钟，对方被涂抹药膏的地方就开始变红。其实对方被涂抹的只是普通的乳液，只是因为被告知“会引发过敏”而引发了身体上的过敏反应，这就是由被暗示性所引起的生理变化。

每个人能够接受暗示的程度因人而异，自我暗示也一样，每个人的接受程度也各不相同。实施催眠的时候，催眠师经常让被催眠者盯着眼前摆动着的钟摆之类的东西，就是为了测试对方会被暗示的程度。

我在这里提供一种更简单的方法，可以用来判断对方能够被暗示的程度。如本书第14页的图片，两手交叉，手指捏紧，然后竖起两手食指，尽量分开两个食指之间的距离。

现在开始了，请模糊地注视着两个食指之间，有什么变化吗？左右手的食指有没有渐渐地靠向中间？

左右手的食指靠向中间的速度越快，就说明越容易被暗示。

每个人都可以被实施催眠术。在确认对方的被暗示性之后，可以让对方进入恍惚的状态。在这种状态下，就能向对方的大脑传送信息，也可以说是对被催眠者的大脑进行改造。

“心理术”，是以“变革”后的行动原理和心理学为理论基础而衍生出的新的心理技巧。

如果能够掌握这些技巧，你的人生会大有不同。

首先，它能帮你减少压力。

人们常说“压力好大”，其实压力可以通过大脑来调节的。大脑会对我们遇到的事物进行解读：因为有了那样的行为，所以产生了这样的结果。与其把“心理术”用在别人身上，不如用它来解决我们自己的心理压力更有意义。

用“心理术”减压比喝酒减压健康。喝酒看似能够让人忘却烦恼，其实只是酒精里的THC成分暂时麻醉了大脑，放大了你的情绪，让你觉得自己好像比往常要更有自信，但水能载舟，亦能覆舟，麻痹大脑、放大情绪的同时，你的大脑对身体的控制力也会减弱。很多酗酒者往往第二天会因为自己饮酒过度而感到懊悔。

控制自己的意识，变成理想中的自己，同时，操控别人的心理，得到自己想要的答案，能够帮你实现这一切的就是，“松明的心理术”。

利用图中的动作就能很容易地确认对方的被暗示程度。两手食指靠向中间的速度快的人，更容易被暗示。

Part 2

第二部分
“心理术”的实用技巧

松·明·教·你·心·理·术>>>>>>>>>

第二部分：“心理术”的实用技巧

商务篇

第1节
建立第一印象的心理技巧

对一个人的印象，大多由第一印象决定。提高第一印象的好感度，需要注意下面六个要素。

1）让对方对你感兴趣

最重要的一点就是，不能让对方先入为主地觉得你是个“奇怪的人”。

你可以通过着装避免这一点，比如，选择沉稳的服装颜色，会给对方稳重的感觉，选择黑色、深蓝、灰色这些色彩也一定不会出错。

为了让对方对自己感兴趣，我在节目中经常使用的技巧是“适度地保持沉默”。

比如买房子的时候，买房子的人都希望越便宜越好，而卖房子的人则希望卖得越贵越好。因为是对立的关系，所以买房子的人和卖房子的人会展开心理战。

卖房子的人会宣称自己的房子“有个这么大的窗户”“客厅有这么大呢”之类的，这时买房子的人只需要默默地听着就好。卖房子的人会弄不清楚对方在想些什么，但是因为一心想要卖房子，所以他会更加卖力地宣传自己的房子。这时，买房子的人依然保持沉默，卖房子的人就会开始变得不安：“他是不是不打算买啊？”

当卖房子的销售人员所有的说明都结束之后，买家只需要提出一个缺点，比如说“这么大的窗户，到了冬天会不会雾气很大呀”。这时，卖房子的人就会知道“原来他有认真听我介绍啊”。

在接下来的价格拉锯战中，大部分卖房子的人会因为对方认真听自己的介绍，而为对方的诚意给出最优惠的价格。

我在节目中也经常使用“适度地保持沉默”的方法。当猜测对方写的是什么的时候，我会先沉默几秒钟，然后再公布答案：“……你画的是苹果吧？”

就如同演奏交响乐一样，在短暂的停顿之后，突然打破寂静，奏出一个高音，或者让音量逐渐加强，都能表现乐曲的抑扬顿挫，也能吸引观众的注意。人与人的交谈也是如此，在谈话过程中适度地保持沉默，能更好地调整谈话节奏。

在和生意伙伴第一次见面的时候，不要急于推销自己的产品，而应该推销你自己。简单地说，就是让对方喜欢你、信任你。如果对方信任你，就会有"如果是他推荐的商品，那就买吧"的心理，并对要购买的产品本身降低"戒备心"。

开始交谈时，可以询问对方一些简单的问题，渐渐地引导对方谈一些私人话题。在谈话过程中，如果能找到共同的话题，对方对你的好感度就会有大幅的提升。好感度提升以后再开始介绍产品，会有意想不到的效果。

一开始就把自己的产品拿出来介绍的销售员，不能称为好的销售人员，从对方的角度来看，即使再好的产品，也会有一种强买强卖的感觉。

2）微笑

微笑，是打开心门的重要标志。微笑是生理学上最具有影响力的表情。但是要注意一点，我说的微笑是发自内心的微笑！你的笑容是不是发自内心的，周围的人立刻就能分辨出来。

我们记住一个人，大多数记住的是他的长相，所以，表情会直接影响我们如何判断一个人。心理学的研究发现，微笑是确立信赖关系的重要标记。脸上带着愤怒的、疲惫的神态，或者没有干劲的表情，都会让对方觉得你没有诚意，你的生意自然也不会进行得很顺利。

关于如何展现自然的笑容，我会在后面的“练习篇”教大家一些技巧。

3）多次重复对方的姓名

在谈话过程中多次提及对方的姓名，会让对方感到他是你很重要的客户。在业务往来时，叫错对方的名字，或者忘记对方的名字，都是不能被允许出现的失误。

你刚进公司的时候，是不是被上司提醒过“一定不能弄错客户的姓名”？想要业务顺利进行的话，不仅不能弄错客户的名字，还要在谈话过程中多次提及对方的姓名。不必担心提及的次数过多，因为你每提及对方的姓名时，对方都会觉得“他非常认真，记住了我的名字”，进而有一种被重视、被尊重的感觉。

提及对方姓名的时候，试着比平时说话的音量稍微高一些。当然不是突然提高音量，而是恰如其分地、非常自然地提高音量，目的是在谈话内容中突出对方的姓名。比如，“我就不太擅长XX，如果是XX（对方名字）的话一定很出色”之类的话。

如果希望对方能够更快地接受你的话，那就试试在谈话刚开始的阶段，以极其自然的方式，在三分钟之内尽可能多地提及对方的姓名吧。

4）倾听

还记得我在1）中提到过“要注意倾听关于对方兴趣爱好的内容”吗？

如果能够控制生意伙伴的心，就可以很轻松地推销出自己的产品。为了引导对方说自己相对隐私的话题，我们可以利用“镜射效应”。简单地说，就是模仿对方的行为。当你看到对方双臂交叉放在胸前时，一秒钟以后，你可以试着模仿他这个动作。

利用“镜射效应”有两个作用。

第一个作用是，试着理解对方的心情。因为动作可以反映出对方当下的心理状态，我们的每一个动作都有它的意义。比如，双臂交叉放在胸前，表明对方“对现在的谈话不太感兴趣”，是一种自我防卫的表现。相反，谈到感兴趣、好奇的话题时，我们的嘴巴经常无意识中处于半张的状态。

模仿对方的时候一定要做到若无其事，不要显得过于刻意，而且一定要记住，动作不要完全同步，要有几秒钟的延迟，否则会让对方发觉，对你产生厌恶感。

“镜射效应”的另一个作用，是让对方在潜意识中觉得

“这个人和我有些像，感觉像在照镜子似的”。研究表明，人容易对和自己像的人产生好感。

利用“镜射效应”这个小技巧，能够让对方的大脑在无意识的情况下作出“这个人和我很像”的判断，从而更容易获取对方的好感，这比什么都不做要好很多。

5）配合对方的话题

在谈话过程中，要尽可能地探听对方的兴趣爱好。

如何才能更有效地探听到对方的兴趣爱好呢？在这个信息化的时代，事先调查好对方的一些信息并不是不可能的事情。

比如利用社交网络。现代人几乎都在使用各种各样的社交软件，你可以事先在各种社交软件中搜索对方的相关信息。一定要注意的是，在谈话时一定不可以说“昨天我看了你的微博……”之类的话，这样会让对方产生反感。

事前调查清楚一些信息，你就可以在谈话中逐渐引导对方谈及你所了解到的此类情况。比如，你了解到对方喜欢钓鱼，在闲谈的时候就可以说“我其实很喜欢钓鱼，经常去钓鱼”，这时对方一定会说“我也喜欢钓鱼”，并进一步谈论自己的这一兴趣爱好。即使对方没有在使用社交软件，我们也可以凭对方的穿着、肤色之类的细节大概判断出他的兴趣爱好。

6）让对方感觉到他对你很重要

介绍产品的时候，要强调“这件产品是为你而生产的”，如果对方对产品有所不满，要立即给予对方肯定的回复“我们一定会改善的”。

另外，还要站在对方的立场上列举使用你的产品所带来的好处，比如“使用了这个产品，能够提高贵公司的整体工作效率”“能够减少不必要的经费开支”之类的好处。

第2节
增加好感度的握手技巧

握手也是能够增加好感度的重要要素。

好的握手有七个要素，下次再和对方握手时，请试着回想一下这些要素。

1）保持一定的距离

我们每个人都有自己的“安全距离”。

一般所说的“安全距离”，大约是指以身体为中心算起，约40厘米的一个范围。对于亲密程度不同的人来说（比如普通的朋友和关系相对亲密的人），我们的安全距离是不一样的。能够进入距离我们40厘米以内的人大多是关系亲密的朋友、恋人、家人。关系不是很亲密的人侵入了自己的安全距离，我们的反应大多是想要逃离。在狭小的空间，如电梯里，无论如何躲避都会有人入侵自己的安全距离，这时我们通常会感到不安、紧张，觉得周围人会对自己图谋不轨。

人与人保持一定的距离很重要，不能太近也不能太远。握手时最理想的距离是：双方的肘关节都保持适度的弯曲，身体和身体之间的距离大概为80厘米。

请时刻尊重对方的安全距离，不要让对方产生不安的负面情绪。

2）要握到对方的手背

在日常生活中握手时，我们往往只是握到对方的手指，特别是男女之间的握手。我们往往会觉得“触摸对方的手不太好”，所以只是象征性地握一下对方的手指。其实这种行为会给对方留下不好的印象“他是不是讨厌我”“他是个连握手都这么随意的人呀”。

3）一边握手，一边说些什么

只是握手而什么都不说的话，会让整个气氛变得沉闷、尴尬。一边握手，一边说“一直承蒙您的关照”“认识您很高兴”之类的问候语，能够缓和见面时的尴尬气氛。

4）稍微延长一下握手时间

握手往往会随着问候语的结束而结束，但如果在问候语结束以后，让握手的时间延长0.8秒左右，会给对方留下有诚意、有礼貌、很绅士的印象。这样做，不仅仅能给初次见面的人留下好印象，还能使自己显得很有教养。

但是要注意，握手时间并不是越长越好，保持在1秒钟左右是最理想的。

5）掌握好握手的力度

握手时不要给对方留下太过于随意的印象，要认真地握对方的手，但不要太过于用力，要力度适中。掌握好握手的力度，就不会让对方觉得你太过随便，也不会显得太过刻意。

6）必要时可以双手握手

双手握手可以表达“发自内心拜托对方”的心情。对自己的上司和前辈，我们经常会双手握手，但是对生意伙伴却不常这样握手。

当你认为有必要表达自己的崇敬之情时，不妨用双手握对方的手。

7）不要有多余的动作

在握手之前，有些人会在裤子两侧大腿的位置擦手，而握手之后，又不假思索地把手放到口袋里。这些都是多余的动作。

要知道，对方大概在7秒之内就会决定对你的第一印象，而这些多余的动作会让对方觉得“这个人很毛躁”。如果你手上有汗，要尽量在握手之前，在对方不注意的时候擦干净。

握手时要尽可能地简洁，尽量避免在对方面前做出多余动作。

第3节
初次见面时的沟通技巧

和初次见面的人很难通过闲谈立刻熟络起来，如果我们能很好地利用闲谈来拉近双方距离的话，就会让对方感到“和这个人聊天真有趣”，从而给对方留下好的印象。

那么，我们如何通过闲谈来拉近和对方的距离呢？

1）不要一直盯着对方的眼睛

和初次见面的人交谈时，太过频繁地注视对方的眼睛，会让自己变得紧张，也会让对方觉得不自在。当你因为紧张而忘记想说些什么，会让谈话变得不顺利。在谈论重要的话题或者提示谈话重点时，再去注视对方的眼睛，其他时候，也要适度才好。

如果可以的话，不要选择相对而坐，而是相邻而坐，这样可以减少相互注视的次数。

2）事先整理好想说的话

在见面之前，就要把想传达给对方的内容整理好。只有做好事前准备，自己才会更有自信，表达得很有条理，才更容易说服对方，谈话也会进行得更顺利。无论是记在脑中，还是用电脑整理出来，或是手写笔记，哪种形式都可以，只要把自己想说的要点总结出来就好。

"咦，我想说什么来着？"

千万不能出现这种慌乱的情况。

3）把对方的兴趣爱好作为谈话话题

当对方的"话匣子"被打开以后，不要光顾着自己说，要更多地倾听对方。

占卜师在占卜时经常会使用"冷读术"的技巧。比如，突然对前来占卜的人说："我能感觉到你的背后有动物，你是不是饲养宠物了？"如果对方的回答是Yes，那么话题将继续，如果对方的回答是No，那么占卜师就会继续问"你父母有没有养宠物"或者"你小时候有没有被狗咬过"之类的和动物有关的问题。

大部分人多多少少都会有和动物有关的回忆，当对方提起有关动物的话题时，我们会不由自主地配合对方寻找这方面的记忆，从而让自己产生“他好了解我”的错觉。

当然，在一般的谈话中突然说“我能感觉到你的背后有动物”，会被别人当成怪人吧！总之，你要根据谈话当下的气氛寻找对方感兴趣的话题。如果正巧“猜中”了，对方会不由自主地讲起关于自己的事情。这样一来，对方的心理状态就变得很容易被操控。

如果没能顺利找到对方感兴趣的话题，也可以试试从公司的话题入手。比如说：“你知道吗？我们公司有个很特别的活动。”从这类话题入手，往往容易引发对方的兴趣，从而使谈话继续下去。当然，如果你所说的“很特别的活动”对别的公司来说很普通的话，这样就很难引发对方的兴趣。比如，可以谈一下你们公司的餐厅或某些规章制度之类的话题，总之是别的公司没有的，或者和别的公司不一样的地方，以这类事情作为话题来引发对方的兴趣，很容易使谈话进行下去。

如果公司的话题也不奏效的话，可以试试时事类的话题。但是一定要避免政治话题。在对方面前发表个人的政治意见，如果意见不合的话，可能会引发口舌。最好谈论体育运动或演艺界之类相对轻松的话题。特别是体育运动，通过谈论体育项目，可以激发对方谈论自己的兴趣爱好。

或者可以根据对方的服饰来制造话题。要尽量避免这种谈话方式："您的手表很贵吧！""您的鞋好漂亮啊！"这种单纯的赞美，往往只能得到"谢谢"之类的回答，导致话题无法继续进行下去。想要赞美对方的时候，要尽可能采用提问的方式来挑起话题："好有品位的鞋啊，我也想买一双您这样的鞋，您在哪里买的啊？"

还有一种比较容易进行下去的话题："您最擅长什么爱好呢？"如果对方有类似的经验，就会"侃侃而谈"，比如，"骑自行车绕城市一周""小学时代就登上了长城"之类的。但是突然间问对方"您有尝试过什么挑战吗"，就会显得很唐突。如果对方身体很强壮，就可以试着问对方"您在做什么运动吗"，以自然的方式引发话题。

如果实在不知道该谈论些什么的话，可以考虑从"喜欢吃的东西"开始。无论是谁，一定都有自己喜欢吃的东西。试着以常去的餐厅或者家乡的特产来展开话题。

在中国有"知己知彼，百战不殆"的说法，越是充分的了解对方，胜算就越高。

4）让对方记住你的名字

记住对方的名字是理所应当的事情，但我这里想说的是，也要设法让对方"自主自愿"地记住你的名字。

最有效的方法就是，在见面之初进行一番有趣的自我介绍。比如，可以向对方讲述从父母那里听来的自己名字的由来，为对方解释自己为什么取了现在这个名字，或者向对方解释你名字的含义，以及是否用了某个具有特别意义的字。总之，进行一番别有趣味的自我介绍，能够加深对方对自己名字的印象，拉近和对方之间的距离。

5）交谈时要全神贯注

在商务活动中，不应该出现这样的情况，比如，在进行商务会谈的时候，不停地看手机，或者开会时一副注意力不集中的样子。想象一下一起开会的其他人的心情吧，他们一定会非常不愉快。所以，和别人交谈时，一定要集中精力、全神贯注。

6）分别时要向对方传达自己的感想

会谈结束后，要向对方传达“今天的会议非常成功”或者“有幸见到您，真是太好了”之类的“会后感”，即使事后对方觉得你有欠妥当的地方，也会因为这一句总结而释怀。特别是当你在会谈中已经意识到自己出现了失误的时候，这样的一句话“会后感”就显得更为重要。

第4节
解读行为背后的隐秘心理

人类的每个行为都有其意义，虽然我们并不觉得自己的某些行为有什么特别意义，但其实，它们在下意识中“表达”出了我们的心理活动。

你一定听说过“微表情”吧？下面我就教大家一些读取对方“微表情”的要领。

◎ 经常摸鼻子、揉鼻子

大多数人在撒谎和认真思考的时候，会习惯性地摸自己的鼻子。为什么会这样呢？人在撒谎的时候，血压上升，会刺激到鼻子里面的海绵体，鼻子会不由自主地发痒。

如果对方快速地轻摸了一下鼻子，这表明对方有可能是在撒谎，如果对方摸鼻子的时间相对较长，这说明对方可能在认真思考。

◎ 说话的内容和头部动作不一致

说话的内容和头部动作不一致，这也是人在说谎时经常出现的反应。

某国总统在针对婚外情而召开的记者会上的动作就是特别典型的例子。他嘴上说“没有，我没有做过”而否定了新闻报道的内容，但是却同时做了点头的动作。嘴上虽然撒谎否认，但是身体却很诚实。

◎ 身体或者足尖朝向出入口的方向

坐着说话的时候，如果对方的身体或者足尖不由自主地朝向门口，说明对方不想再谈下去了，因为这个动作表明“我想要离开这里”。

◎ 摆弄物品

谈话时，如果对方一边转笔一边说话，或者有揉小纸团之类的小动作，这说明对方情绪不稳定，精神上还没有放松。

◎ 藏起嘴唇

如果对方上下嘴唇向里，试图藏起嘴唇，这说明对方在怀疑你。如果在商务会谈中，你的谈判对手出现了这种表情，估计会谈将很难有进展。

◎ 挠头

戏剧表演中经常会通过挠头的动作来表现主人公遇到了烦恼。人在考虑“怎么办才好”的时候，即使头不痒也会下意识地去挠头。

◎ 搓手

在遇到困难或感到困惑的时候，我们通常会搓手，因为这时候手会出汗，所以我们会不由自主地做搓手的动作。

◎ 眼珠四处转动

说话时眼珠转来转去，视线不固定，这是紧张的表现。

当然，在感到恐惧的时候，以及对谈话场所或者话题感到不安的时候也会有这种表现。

◎ 一边嘴角上扬

这是一种不太重视对方的表现。

◎ 肩向上耸，两手插兜

我们在感到紧张的时候，经常会出现这个动作。

◎ 双臂交叉放在胸前

这个行为是自我防御的本能表现。当我们对他人不是很信任或感到不安的时候，通常会下意识地做出这一动作。

第5节
灵活巧妙的谏言技巧

当同事或者下属在工作上出现失误的时候，你是不是会因为控制不住自己的情绪而发火呢？其实，在这种情况下，我们更要注意控制自己的情绪，选择一个让对方更容易接受的方式来提出建议。

向对方提建议之前，首先确认以下五点：

对方和自己是什么关系；如果提醒了对方，对自己有什么好处；不要立刻否认对方的观点；注意言多必失；要做到“对事不对人”。

针对以上五点，我来逐一解析。

第一点，要明确自己和对方是什么关系。了解自己提建议的对象是谁，是自己的同事、下属，还是上司。

第二点，要弄清楚给对方提建议的目的是什么，是“为了更好地推进工作”，还是“可以提高公司的整体效率”等。

第三点，在向对方提建议之前，首先要倾听并理解对方的观点，“你想说的我都明白，但是……”要先肯定对方，然后再阐述自己的意见。

第四点，叙述个人建议的时候，如果加上个了人感情，很容易“言多必失”。没有必要说的话，尽量不要说。

第五点，要做到“就事论事”，不要针对个人进行评论。像“你就是这种性格，所以才导致这件事情失败”这样的说法，已经不是提醒对方如何解决问题，而是针对其个人的指责了。这种建议不会让对方信服的。如果换一种说话方式，提一些建设性的意见，就更容易让对方接受，比如“虽然结果已经无法改变了，但是我们还有其他补救的办法”。

确认了以上五点之后，我将向大家介绍“如何灵活提建议”。

1）设身处地为对方着想

如果没有站在对方的立场上提建议，即使是好的建议也很难让对方接受。不管是谁，都很难接受他人的建议，所以在向对方提建议的时候，要让对方感受到“我都是为你着想才说出这些话的”。

但是要注意，不要明确说出“我是替你着想”“我都是为了你好”之类的话，因为直接表达出这一意思会让对方产生抵触情绪。

总之，带着“为你着想”的语气向他人提建议，会更容易让对方接受。

2）不要以上司的口吻去提建议

提建议的时候要尽量做到尊重对方，不要用自己的猜测来指责对方。比如，“你经常睡过头，这次也是因为这个才迟到的吧？”然后再列举一些和工作无关的问题。

在提建议之前就先指责对方的“缺点”，容易引发对方的反感，这样一来，即使再好的建议，对方也不会想接受。

3）先弄清楚事情的过程再发表意见

为什么会出现问题，整件事情的经过是什么样的，在向对方提建议之前，要尽可能地调查清楚实际情况：为什么会出现这一问题，整个事情的经过是怎样的，等等。

比如，对方想要买高级轿车，即使借钱也一定要买，遇到这样的情况，你不能只是简单地劝对方“不要买”，这起不到什么作用。同样的，也不能在不了解对方经济状况的情况下，就不负责任地说：“好呀，买吧。”

向对方谏言的时候，要先充分了解他处在什么样的状况中，他为什么会犯这样的错，有什么难言之隐，等等。如果我们只是根据自己目所能及的情况而谏言，对他人是完全没有帮助的。与之相反，经过调查以后再向对方提出建议，不仅对对方有更实际的帮助，而且，会对方感到“他很了解我，他是为了我好”。

4）不在人前提建议

这一条看似很简单，但却最容易被忽略。在很多人面前斥责对方，不给对方留面子，这会让对方产生反感：“明明可以单独和我谈，为什么要当着这么多人的面？”

无论是责备还是谏言，都要选择只有你们两个人在场的时候。

与之相反，表扬或赞美对方的时候，要选择在大家面前。

5）注意语气

谈话时，声音的大小、语调的高低都是需要注意的地方，最好是用平常谈话的语气。

“出现这样的问题，你怎么看？”

“我听取了很多人的意见，你的意见是什么呢？”

采用询问的语气，而不是斥责的语气，更不要用命令的语气“就这么办”去命令对方。强制性地告诉对方“这样做就可以”，会引发对方的反抗心理，即使他表面上听取了你的建议，也不会去执行。

不仅仅对下属、后辈不要使用强制的语气，对同辈和同事也要注意这一点。一定要用商量的语气“我们一起来解决问题吧”，这样更容易会让对方接受。

6）谏言之后不要追着对方不放

向对方提建议之后，我们会在意对方有没有接受自己的建议、有没有改正问题。但是，千万不要追着对方不放，一直问对方“怎么样，改了吗”“那件事情，你反省了吗”“还没改正吗”等等。

我觉得，没有人喜欢随便向别人提意见和提建议。既然如此，我们为什么还要向他人提建议呢?

因为我们都希望对方能接受自己的建议，纠正错误，改善问题。因此，如何让对方接受自己的建议就变得尤为重要。表达方式会直接影响谏言的结果，所以选择恰当的谏言方式很重要。

第6节
真心诚意的道歉技巧

你会道歉吗？你有没有嘴上说着“对不起”，而心里却毫无歉意的时候呢？

道歉的目的是为了让对方接受你的道歉，并且原谅你的过失，所以，如何准确地向对方传达歉意是十分重要的。

1）弄清楚自己错在哪里

许多人并没有弄清楚自己错在哪儿了，“反正错了就先道歉呗”，这样的道歉完全没有意义。如果你连自己错在哪了都不知道，那么对方也不可能觉得你的道歉很有诚意。

道歉之前先回想一下对方为什么会生气：是你说了不该说的话？还是没有遵守彼此之间的约定？

如果是没有遵守约定，那这个约定是最近的事情，还是很早以前就约定好的事情呢？

好好反省过自己的过失之后，很多人都会恍然大悟："原来是因为这件事啊！真是一场误会啊！"

2）勇于承担责任

许多人在道歉的时候，虽然嘴上是在道歉，但心里却很不服气，并不认为自己有错。比如，"对不起，这件事是我做错了，但是是他让我做的"，虽然是在道歉，但却把责任推给别人，这是最不可取的。

有些事可能确实是别人让你做的，但实际上付诸行动并出现失误的人却是你，所以即使失误不仅仅是你一个人造成的，也要勇于承认自己的过失。

遇到问题，首先要勇于承认错误，然后再向对方解释问题发生的始末，不要一开始就逃避责任，带着很多借口的道歉，是很难让对方接受的。

3）道歉要发自内心

为自己的失误做掩饰，或者把自己的过失"最小化"，或者带有辩解性质的道歉，都不可能取得对方的原谅。

那么，如何才能让对方感到你的歉意呢？

首先，要说明自己具体错在什么地方了，比如在道歉的时候，要先表明“对于这件事情，我做了XX的决定，导致了失误”,然后再低头认错：“对不起，我愿意承担责任。”

这样会让对方觉得你真的反省过，你的道歉不仅仅是嘴上的道歉，而是发自内心的、深刻反省以后的道歉。

4）想好道歉的时机

很多人选择对方尚在气头上的时候，就慌忙道歉，但实际上效果并不太好。

如何选择道歉的时机，要看具体的情况。我个人认为，我们要尽量避免对方还在气头上的时候就去道歉，要给对方一点时间，等对方冷静下来以后再去道歉。

当然，有些时候，问题出现之后就立刻道歉，效果会比较好。我在这里想说的是，不见得所有情况都适合立刻道歉。刻意隔一段时间再去道歉，会让对方会觉得你很有诚意，是认真反省过之后才来道歉的。这样，你的过错也更容易得到谅解。

如果道歉的目的是为了让对方原谅你的话，那就要好好考虑道歉的场合。有些人不希望在很多人面前接受道歉，有些人不喜欢别人上门道歉等等。

总之，在道歉之前要先弄清楚什么样的道歉方式最容易让对方接受。

5）不要使用“如果”

在道歉的时候，“如果”这个词是多余的。

“如果您因为刚才的事情生气的话，我道歉。”类似这样的道歉方式你应该不陌生吧？当你真心诚意地意识到自己过失的时候，是根本不需要“如果”之类的假设的，只有那些觉得自己没有错，但不得不道歉的人才会使用“如果”。“如果”一词不仅让对方感受不到诚意，有时还会“火上浇油”，让事态发展得更严重。

道歉时，首先要向对方解释清楚自己错在哪里、问题出在哪里，然后再真心诚意地说声“对不起”。

但即使你真心诚意向对方道歉了，对方也可能不接受道歉，不原谅你。接下来，我将教大家如何处理这种状况。

①表达感谢以及渴望聆听对方教诲之意

如果没有顺利取得对方的原谅，那么就找机会再和对方谈一次，并表达如下意愿：“也许您还是无法原谅我，但是我还是很感谢您给我这个道歉的机会。如果您有什么想对我说，希望您不要有任何顾虑。”

也许对方是想原谅你的，只是不是当下。你可以先回家，让对方冷静一下。你要理解，对方对你的过失感到生气是很正常的，所以最好要有“他可能不会这么快消气”的心理准备。如果真是如此，就要像前面提到的那样，表达感谢得到道歉的机会以及渴望聆听对方教诲的意愿。这样一来，对方也不好再继续生气了。

②善用“补偿心理”

给对方一些相应的补偿，一般情况下对方也就不会再生气了。

举个简单的例子，如果你因为迟到而让对方等太久的话，你可以说：“抱歉我来晚了，今天我请客。”这样一来，对方也就不好意思再生你的气了。

这方法看似简单，却十分有效。补偿不仅仅局限于金钱，比如把自己的客户让给对方，让他的业绩有所提升等等，也是一种补偿的方法。如果你的道歉得到了对方的原谅，要表达感谢之意：“感谢得到您的原谅。”

这么看似简单的一句话，能够明确地让对方知道，你已经明白了“原谅过失并不是理所应当之事”的道理，你们今后的关系也将发展得很顺利。

因为自己做错事而让对方生气，也因此明白了自己错在哪儿、问题出在哪儿，仅就这一点来说，也应该好好感谢对方。

第7节
让对方无法说不的话术技巧

商人都希望得到顾客的肯定答复。使用“心理术”的一些技巧，就能诱导对方说出“Yes”。

心理学中有一种叫做“Low-ball”的技巧，即先向对方开出自己最低的条件。

举个例子，售货员对顾客说：“电视机一万元，免费送货，打九折。”顾客说：“好吧，就买这个了。”但当售货员确认库存以后，条件突然变成了“免去送货费用，或者商品打九折，两个优惠条件只能任选其一”。这时候，顾客在心里已经决定要买了，虽然不太愿意接受变动后的条件，但因为不好意思说“我不要了”，也会带着一丝不情愿，买下产品。

也就是说，先扔一个“Low-ball”（对方容易接受的条件），以此为诱饵，引导对方接受之后开出的更高条件。这虽不是什么高超的技巧，但是了解了这个技巧之后，说不定在什么时候就能用上。

强调物品的稀少性，也是引发对方兴趣的有效手段。

人总是对无法立刻得到的东西感兴趣。比如说租房子的时候，房屋中介的人突然间告诉你：“现在您看的这一套房子五分钟以前刚刚租出去，但是，如果您觉得房租涨一千元可以接受的话，还有商量的余地。”或者跟你说：“您选中的这套房子因为稀有，所以很抢手，因为很抢手，所以您需要付差额，付了差额它就是您的了。”中介利用的正是这一点：如果你愿意付差额的话，就能租到自己喜欢的房子，相反，如果不付差额的话，这套房子随时都会被别人租走。在这种情况下，大部分人都会选择付清差额，租下自己心仪的房子。

再给大家介绍一个技巧，即如何操控对方在几个备选项中，选中你希望他选中的项目。

比如，有红、蓝、黄三种颜色的杯子，让对方从中选一个。在他进行选择之前，你要对他说：“你可以选红色，当然蓝色也可以……”其实你希望他选的是黄色，但你故意不提黄色，这样，黄色就留在了对方的潜意识中。

这个技巧被称为“消音法”或者“未完成效应”，即当你故意强调红色和蓝色时，他的潜意识里强调的反而是黄色。掌握了这个技巧，当你在引导对方说“Yes”时，多多少少能够提高成功率。

第二部分：“心理术”的实用技巧

日常篇

松 · 明 · 教 · 你 · 心 · 理 · 术 > > > > > > >

第8节
人际关系中的"心理术"

在日常生活中，人际关系的好坏对我们影响至深。

我们非常珍惜来之不易的友谊，希望能一直维持良好的关系，当然，不仅仅是朋友之间，同事之间也需要维持良好的关系。

那么，就运用一些"心理术"的技巧来处理我们的人际关系吧。

1）试着了解对方

事先了解对方的思维方式有助于增进朋友间的交往，比如好好想想"在这种情况下，他（她）会采取什么行动""遇到这样的问题，他（她）会怎么解决"等，试着从日常生活中开始观察自己的朋友。

2）避免和人发生冲突

即使有些朋友你并不是太喜欢，也要尽量避免和他们发生正面冲突。要是让周围的朋友知道了“这两个人关系不好”的消息，并不是什么好事情。

尽量不要让周围的朋友有机会谈论类似“这两个人的关系不好”这样的话。

如果你对特定的人有不满，想向第三个人抱怨的时候，也要尽量采用疑问句的形式：“那个人，有点XX，你怎么看？”这样的方式会让对方觉得，你不是和那个人关系不好，只是对他的某一点有些不满而已。

3）尽量赞美别人的优点

要尽可能地赞美朋友特别优秀的方面，即使他（她）本人不在场，也可以在别人面前表扬他（她）。

与之相反，一定不要在背后说别人坏话。

4）出现失误不要惊慌

与其害怕失败，什么都不敢做，不如即使知道会失败，也要勇于尝试。

还有一点很重要，不要过于在意别人的评价。

“周围的人会怎么看我呀？”

“被别人说了闲话怎么办啊？”

过于在意别人的评价，不仅会变得畏首畏尾，也会影响人际关系，导致朋友间慢慢会失去信任。

“这些话要是对他（她）说了，不知道他（她）会怎么想，关系可能会变坏。”朋友会因为担心产生误会而不敢对你说实话。

5）不和朋友分享不必要的事情

经常听到有人说：“你还算是朋友的话，就要听我说我的烦恼呀！”他们往往会以“因为是朋友”而把很多事情强加于人。有些人也许觉得，既然彼此之间友情深厚，所以怎么着都可以，但是这样做会变成对方的精神负担。

对朋友进行“道德绑架”，并不会促进彼此间的关系，“己所不欲，勿施于人”也是朋友间交往的基础。

6）表达建议之前要深思熟虑

向对方提建议的时候，要注意两点：

首先，要考虑清楚再说。

其次，自己提的建议不要变来变去，不要轻易否定或者撤销自己之前的建议。总是变来变去的话，会让对方觉得：“这个人连自己在想什么都还没有弄清楚，太不靠谱了！”

7）不要心存报复

在受到侵害以后，我们总是会盘算着什么时候一定要报复对方。

我希望你能够放弃这种想法。如果对方的失误让你损失惨重的话，你的报复心理尚可理解，但是如果只是一些鸡毛蒜皮的事情，就完全没有必要。因为为了一些鸡毛蒜皮的事情而让关系恶化是得不偿失的。

8）抱着解决问题的态度

你想要向朋友倾诉自己烦恼的心情我可以理解，但是如果只是想让对方听自己的牢骚、抱怨的话，对方一定会觉得不开心。因此，向对方倾诉烦恼的时候，要抱着解决问题的态度。

比如说，当你向对方诉说自己“最近胖了，衣服都穿不了”的烦恼时，你可以这样说：“我的衣服都穿不下了，正准备减肥呢。”如果朋友回答你说：“是吗？那我们一起减肥吧！”这样一来，你们两个人就有了共同的目标，你们的关系也会自然而然变得更好。

第9节
搭讪中的“心理术”

当你在街上遇到自己喜欢的异性，很想要对方的联络方式时，可以使用一个常见的方法，即先搭讪“我能认识你吗”，然后再问对方的联络方式。这种方法非常简单，但是成功率不是太高。

那么接下来，让我教给大家如何成功搭讪异性吧。

1）提建议式

举个例子，当你在服装店遇到一位正在挑选衣服的很漂亮的女士时，你可以走到她的身边，对她说：“我正在为我姐姐挑选生日礼物，但是我完全不知道什么样的东西会让她开心。如果你有时间的话，可否给我一些建议？”

这样的搭讪方式不仅局限于服饰店，使用范围很广，概括地说，就是希望对方给自己一些建议，用这样的方法拉近两个人的关系。只要对方不是有什么特别着急的事情的话，应该不会拒绝给你一些建议的。

2）单刀直入式

简单概括来说，这个方法就是用上司对下属的说话方式来交流。虽然成功率不是特别的高，但是对有些人会很有效。

比如，使用“我只给你一次机会，一个和我共用晚餐的机会”之类的谈话方式，这种方式能否成功完全取决于对方的性格。对那些比较胆小、弱势、有些M倾向（喜欢受虐或者被动的性格倾向）的女性采用这种方式，成功率会比较高。

总的来说，女性都喜欢有些强势的“霸道总裁”。

3）谈话式

记住一些看手相、占卜之类的小技巧，遇到心仪的女性时，就以看手相为借口坐到她的旁边。在为对方看手相的时候，两个人就像被聚光灯笼罩着，营造了一个外人很难进入的氛围。解读手相的时候，给对方一种“我知道你很多事情”的感觉，这样自然拉近了彼此间的距离。如果发现了彼此的共同点，又会增加许多话题。

大部分的女性都对占卜之类的事情感兴趣，肯定会欣然接受你的邀请。

4）炫技式

这是成功率最高的一类搭讪方式，比如讲笑话、变魔术、玩一些小把戏等。

设想一种情境：调酒师在吧台表演一个小魔术，他把盛满水的杯子倒过来，而水并没有洒出来。这时候你可以说“我也试试”，当然，你从来没有练习过，自然不会成功，但即使魔术失败了，只要对方笑了，你的表演就算成功了。

第10节
判断对方是否单身的“心理术”

近来，很多已婚人士也不怎么戴结婚戒指，那么，我们如何去判断自己心仪的对象是不是单身呢？

1）翻看对方的社交网络

和对方交换联络方式的时候，选择微博之类的社交账号要比电子邮箱好得多。

邮箱、微信之类的联络方式会让对方觉得你突然间侵入了他（她）的私人领地。微博则与上述两种方式不同，微博是相对开放的，你只需要知道对方的账号，就能看到对方发布的信息，并从中能够找到你需要的信息。

如果对方经常发布一些异性的信息或与异性的合照之类的，那多半是人家已经有伴侣了。

2）手机是否上锁

对方在发短信、打电话的时候，注意观察一下对方的手机是否有密码上锁。

以我的经验，手机没有上锁的男女，单身的比较多。为什么这样说呢？因为如果有同居的伴侣的话，他（她）就不希望对方看自己的手机，所以才会上锁。

当然，即使是单身人士，不嫌麻烦而给手机上锁的也大有人在。

3）男性经常玩游戏，女性经常去美容院

单身的男性中，在休息日宅在家里，靠玩网络游戏打发时间的占大多数。会玩各种网络游戏，或者长时间只玩一个网络游戏的男士，很有可能是单身。

单身女性一般会经常去做头发，也会经常去做指甲、接睫毛之类的，因为单身女性在寻找另一半期间，会努力让自己变得漂亮。

4）喜欢与恋爱相关的娱乐节目

单身女性有这样的特点，即容易沉迷于恋爱节目。她们会想象自己就是节目中的人，体验模拟恋爱。

5）经常和母亲打电话

这一项和下一项都是针对男性是不是单身的判断要点。

母亲经常打来电话，或者经常给母亲打电话的男性，单身的可能性很大。

因为他们没有妻子和女朋友，所以日常生活的琐事就只能和母亲交流。如果他和母亲的谈话内容大多是“在哪儿吃饭”“大概什么时候回来”之类的家庭话题，基本可以确定他还住在父母家。

6）是否使用香水

使用香水比较多的男性，很有可能是为了增加个人魅力，这意味着他们很可能是单身。

如果有伴侣的男性出门之前喷很多香水的话，估计会被问：“喷这么多香水，这是要去哪儿啊？”因为解释这样的问题会很麻烦，所以有伴侣的男性大多不会选择味道过于浓郁的香水。因此，身上香水味道很清淡的男性，大多是有伴侣的人。

经过了以上的观察之后，如果你还想进一步验证自己的判断，或者还没能确认对方是否单身的话，那么就试试下面的测试吧。

a）买两张票试着邀请对方

不管是球票、演唱会票，还是电影票，什么票都可以，你事先准备两张，然后对自己心仪的人说：“本来打算和朋友一起去的，但是现在去不了了，把票给你吧，带你的男（女）朋友去吧。”

如果对方没有伴侣，就会说：“我没有男（女）朋友。”如果对方这样说了，你可以假装说道：“啊？是吗？我一直以为你有男（女）朋友呢，抱歉。”

如果想要更进一步，你可以在对方说“没有朋友跟我一起去”之后，用询问的语气说：“我把日程安排调整一下，我们一起去好吗？”这种方法不仅能够确认对方是否有男（女）朋友，还可以让你们的关系更进一步。

b）直接询问对方

“周末怎么过？和男（女）朋友一起过吗？”像这样直接询问对方也是个不错的方法。

如果对方回答说：“我没有男（女）朋友，周末很闲。”那么你就可以约对方了：“这样啊，那我们一起去喝杯咖啡如何？”这个问题本身不会有那么强烈的“我喜欢你”的“气息”，比较容易让对方接受邀请。

c）假装为对方介绍男（女）朋友

你可以试着关心对方：“我的朋友里有单身的，如果你想找男（女）朋友的话，我可以帮你介绍。”如果对方没有男（女）朋友的话，可能就会说：“太好了，一定要帮我介绍哦！”如果对方有男（女）朋友的话，自然就会拒绝你：“我不需要了。”

需要注意一点，用这个方法的时候，要先弄清楚对方是否对你有好感。如果他（她）喜欢的人是你，而你却说要帮他（她）介绍男（女）朋友，这会让对方感到失落，因为并没有把对方当成“候补恋人”。

总之，用这个方法时，要先弄清楚对方对你的感情，否则就会弄巧成拙。

d) 找对方商量事情

你可以和自己喜欢的人分享你的烦恼：“有点事想听听你的意见……你有没有被父母催婚啊？”如果对方有伴侣的话，可能会回答：“被父母催着早点登记结婚呢。”

与之相反，如果没有伴侣的话，对方可能会回答“我也总是被催婚呢”或者“我的父母并没有那么着急”之类的话。因为你只是和对方分享自己的烦恼，希望寻求对方的开解，所以不会让对方起疑心。

第11节
判断对方是否喜欢你的“心理术”

你和异性交谈了几分钟，那么在这几分钟里，你只要通过观察以下几个细节，就能判断出他（她）是不是对你有好感。

1）交谈时，他（她）的身体朝向什么方向

如果他（她）的身体完全表现出想要逃离的姿态，很明显他（她）对你并不感兴趣。观察的要点不仅仅是上半身，而是全身。即使他（她）上半身是朝向你的，而脚尖却朝向门口，这也说明他（她）对你没什么兴趣。

如果对方对你有好感的话，他（她）的整个身体都会朝向你。

2）分别时的态度

分别的时候，你从道别的态度里也能看出对方是否对你有好感。

对方说“拜拜”的同时，会跟你挥手作别，然后朝回家的方向走去。这时候，如果对方再回头看向你的话，说明他（她）可能对你有好感。

这还谈不上“喜欢”，但是至少可以确定的是，他（她）对你是有好感的。如果他（她）分别时径直离开了，也就说明你并没有引起他（她）特别的关注。

3）向对方提两个问题

你可以问对方两个问题，一个是“你喜欢的食物是什么”，另一个是“你不喜欢的食物是什么”。

在对方回答这两个问题的时候，你要注意观察他（她）的视线。在回答喜欢的东西和不喜欢的东西的时候，人的视线方向和说话方式都不一样。

比如他（她）在回答喜欢的东西时，是平视着你回答的，但是说到不喜欢的东西时，视线容易变得稍微向下。对方表现出的这些特征就是对方在回答所有“喜欢”和“不喜欢”的问题的基准。

了解了这些以后，你可以试着制造一个话题，比如试着邀约对方：“和我一起去吃饭好吗？”这时，你要注意观察对方，看他（她）的视线和刚才回答“喜欢的食物”和“不喜欢的食物”时哪种视线比较相近。即使他（她）回答得很随意，你也能大概判断出来。

通过观察对方的视线，还能判断出对方的心理状态。

你同样可以问他（她）两个问题，第一个问题是“昨天晚饭吃的什么”，第二个问题是“如果去旅行的话，你想去哪”。第一个问题是要靠回忆来回答的问题，对方没有撒谎的必要，所以他（她）在回答这个问题时的视线，就是他（她）说实话时的视线习惯。而回答第二个问题需要对方去思考，需要对方发挥想象力。他（她）这时的状态和在说谎时的脑回路是一样的，所以观察他（她）这时的视线，就能知道他（她）在说谎时视线是什么样的了。

4）回短信的速度

你可以试着约一下对方，观察对方受到邀约后的反应。

在这里我比较推荐用短信的方式来邀约，因为有些话在电话里不方便说，但用短信就比较容易表达。但是如果对方是个“女汉子”的话，打电话会比较好，因为如果发短信的话，会让对方觉得你做事不洒脱。

发短信的时候，先试着发些问候语之类的话，如“今天天气不错”这类闲聊的话。如果对方收到短信立刻就回信了，这说明对方对你抱有好感。如果过了两三个小时以后才回信，但是是“因为工作太忙了，没能及时回信”之类解释的话，我认为还是可以继续发短信，进一步互相了解的。

如果对方没有特别的理由，只是两三个小时以后才回信的，基本上可以考虑放弃了。

当然，也有人本身就不喜欢发短信，那就要另当别论了。

5）杯子的位置

一起吃饭的时候，开始时都会举起杯干杯吧？

在这种情况下，你可以通过观察对方放杯子的位置，来判断他（她）对你是否有好感。

试着把自己的杯子放到对方杯子的附近（不要显得过于刻意）。如果是人数比较多的宴会，而你离得对方比较远，那就试着坐到对方附近，然后把自己的杯子靠近对方的杯子。

杯子间的距离，也可以表明彼此间心的距离。试着把自己的杯子靠近对方的杯子，如果他（她）并没有把杯子移开，说明他（她）并不讨厌你。

与之相反，如果对方移开自己的杯子，和你的杯子保持一定距离，则说明他（她）对你没有什么好感。

如果对方把杯子移开，始终和你的杯子保持固定的距离，那么就试着把你的杯子一点点地、不动声色地移向他（她），用这种技巧也可以测试对方的潜在意识。

和初次见面的朋友一起吃饭的时候，杯子的距离大概是这样的吧。

试着不动声色地把你的杯子靠向对方的杯子。如果距离已经这么近了，而对方并没有移开自己的杯子，这说明对方对你有好感。

第12节 引导对方喜欢上自己的“心理术”

前面讲了一些判断对方对你是否有好感的技巧，这一节我要更进一步，教你如何判断对方是不是喜欢你。如果对方符合这些要点里的三到四项，基本说明对方有想要和你谈恋爱的想法。

1）谈起自己的家人和好友

谈话时会提及自己的家人、朋友，表明他（她）想向你传达“我喜欢上你了”的讯息。

当一个人喜欢对方到达一定程度后，会希望对方了解自己，渴望和对方分享自己的一切。他（她）在谈话时说起“我的好朋友……”之类的话题，就是想向你传达“希望什么时候，介绍好朋友给你认识”。

当对方提及家人时，也是一样的。遇到这种情况时，你要认真听对方的讲述。

2）邀你单独去自己家里

送对方回家时，如果对方邀请你：“如果不介意的话，去我家喝杯咖啡如何？”这就是喜欢你的证据。

家是很隐私的地方，如果他（她）允许你去他（她）家，表明他（她）希望和你再独处一段时间。

当然，异性好朋友间也会经常去对方家，即使只是友情，那也是有好感的友情。

3）间接接吻

一起吃饭的时候，分享彼此点的食物。当你说：“我这个很好吃，你要不要尝一尝？”而对方没有犹豫，直接就尝了的话，说明他（她）喜欢你。

或者，对方说“我也想尝尝你的那个”，然后直接就用同一个勺子吃，或者把你的饮料拿过来就喝之类的，都说明对方对你完全没有戒备心。

4）晚上“煲电话粥”

对普通的上班族来说，晚上是私人时间，如果对方愿意利用自己的私人时间跟你在电话里聊天，而且是长时间地聊天，那对方一定是喜欢你。

即使你不是一个喜欢“煲电话粥”的人，也要忍耐，因为这样会让彼此关系更进一步。

5）身体接触不断增多

和喜欢的人有身体上的接触，是我们最基本的愿望。如果你们之间拍拍肩膀之类的很自然的身体接触在不断增多，那就说明他（她）对你的好感度在增加。

6）回复短信的速度变快或者内容增多

无论是哪一种形式，只要对方回复速度变快，都说明对方渴望与你增进交流，而回复内容的增加则表现出对方渴望收到你回信的急切心情。

7）接到突如其来的邀约

如果毫无征兆地，你突然收到对方的邀约，比如“今天一起吃饭好吗？”“你今天有空吗？一起去看电影好吗？”这说明对方喜欢你，因为我们人类有这样的心理特征：喜欢上一个人，会变得突然想要见他（她）。

如果他（她）本来要参加的会议突然取消了，时间空出来了，在这种情况下，他（她）第一时间想到的人，一定是现在最想见的人。如果你不是对方喜欢的人，对方不会想要邀请你。

但是，如果你是被邀请去参加联谊或者派对，那有可能只是因为人数不足。

8）撒娇任性

因为他（她）觉得你值得信赖，所以才对你撒娇任性。对方对你任性，恰恰说明对方喜欢你。一般来说，我们不会随便向别人撒娇任性，提一些“无理”的要求，因为害怕被拒绝。所以，当对方会对你这样时，说明他（她）喜欢你。还有一点要注意的是，他（她）在向你撒娇任性的时候，希望你能接受，包容偶尔会任性的他（她）。

9）袒露自己的弱点

如果对方告诉你他（她）不擅长的地方，或者他（她）的弱点，那是在间接地向你询问：“我有这样的不足，你能够接受吗？”比如，她告诉你：“我不擅长做饭。”其实她是想向你表达：“不擅长做饭的我，你能不能接受？”

当对方把自己不擅长的事情或者自己的弱点向你袒露时，说明对方非常信任你。

第13节 短信交流中的“心理术”

无论是你们刚刚认识，还是你希望两个人的关系有进一步的发展，你们之间的短信交流都至关重要。

接下来，我就分别讲解一下什么是不好的短信交流，什么是好的短信交流。

× 不好的范例

1）像自我介绍一样的短信

“我是XX人，XX大学毕业，现在在XX公司工作。能够认识你很高兴。”

放弃这样的内容吧，这只会让人觉得是相亲节目中的自我介绍。

2）刚认识就发短信约对方一起吃饭

如果你刚认识对方没多久，就突然发送邀约对方的短信，会让对方觉得你很随便。还是要多花点时间，循序渐进比较好。

3）关系还不算太熟就过分关心对方

像“最近温差大，要注意身体哟”“天气一直很热，不要中暑哟”之类的问候，看起来是在关心对方，在向对方示好，但效果并不好。对方不仅会觉得你是个“情场老手”，还会产生反感：“我和你有这么熟吗？”

4）总是发些询问性的短信

“今天去哪了？”“吃晚饭了吗？”“睡了吗？”

你想要更加了解对方的心情可以理解，但是换位思考，你会不会觉得这样被问来问去很烦呢？

✓ 好的范例

1）最好选在下午五点到七点之间发短信

发第一条短信的时候，最好用“现在忙吗”这样的问句来试探对方，而且最好选在下午五点到七点之间发短信。

因为除了加班比较多的公司以外，一般上班族在下午五点到六点左右就会下班，这段时间对方还在回家途中。如果你给对方发这封短信的目的是希望收到他（她）的回信，那么最好在这个时间段发，因为他（她）已经工作了一天，身体很疲惫，是精神最脆弱的时间段，也是你暗示对方最容易成功的时间段。

以前有一位很擅长演讲的德国元首，他就经常在傍晚发表演说，因为这是大家最容易被洗脑的时间段。

2）试着问对方“现在有时间吗”

无论发什么短信，你的目的都是希望收到对方的回信。试着给对方发“现在有时间吗”之类的问句吧，因为对方不清楚你找他（她）有什么事，是工作上的事还是私人的事，这封短信能够引起他（她）的兴趣。

而且对方只有两个选择，回答“有”或者“没有”，这样你很容易就能收到回信。这时候，应该继续利用对方的好奇心，试着问对方：“你猜我现在在干什么？”这时对方可能会觉得：“怎么了？发生什么事情了吗？”

无论你是发现了什么了不起的事情，还是给他（她）讲个有趣的事情，总之，你接下来的短信内容一定要能引发对方的兴趣。

3）发送能够激发对方好奇心的短信

直接问对方“你在干什么呢”，会让对方很扫兴。如果想知道对方在干什么，可以试着这样发短信：“我有一件一直想做但总也不成功的事情，刚才终于成功了。你想知道是什么事情吗？”

对方收到这样的短信，一定会对你到底完成了什么事情而感到好奇，如果对方想知道是什么事情的话，可能会这样回复你：“我手头的工作快要忙完了，如果可以的话，见面告诉我是什么事情，好吗？”

你在见面之前，就要提前买好礼物，见面时的时候你可以说：“我一直想送你礼物，今天终于成功了！”这样的回答也很不错。

以发送能够引发对方好奇心的内容作为切入口，会有意想不到的效果，因为人都会在好奇心的驱使下忍不住回信。

4）对方发来“你在干什么呢”

如果收到这样的短信，你可以考虑这样回复：“今天我为了奖励自己，正在做自己喜欢吃的菜。很遗憾我只准备了一人份，如果你早点发短信来就好了，可以让你尝尝我的手艺。”

这条短信有两个作用。首先，对方肯定会继续发短信来问：“做了什么好吃的呀？”这样你就可以继续跟对方短信交流了，而且，通过这个话题你也能了解对方喜欢吃什么，有助于你们以后一起进餐时选择合适的餐厅。其次，你还能通过这条短信透漏给对方一个重要信息：你是一个人住，没有恋人。

如果你是个不会做饭的人，你可以这样回复："我买了自己喜欢吃的东西，如果你早点联系我的话，我就买些你喜欢吃的东西，跟你一起吃饭了。"

5）拒绝不明了的回答

"能不能去还不知道，能去的话我就去。"

我们经常能收到这样的答复，如果遇到这种情况，先果断地回复对方："好的，我知道了，太遗憾了，我再约别人吧。"你要让对方知道自己还有别人作为候补，他（她）不是你生活的全部。

一厢情愿的感情过于"沉重"，会让对方产生反感，即使是单相思，也要保持感情的平衡。遇到这种模棱两可的回答，要勇于向对方传达这样的意思："即使没有你，我的生活也不会有所改变。但是在我心里，你是排在第一位的。"

6）中途暂停短信往来

当你们频繁地短信往来时，你可以试着暂停一下，发给对方这样的短信："抱歉，现在开始忙了，一会儿再联系你。"这样一来，你下次再发短信时就可以很自然地开始。

与其一次聊很多内容，不如分成几次，"细水长流"来的效果好。

在对方感到谈话意犹未尽的时候，你突然中止谈话效果是最好的，我们常说，吃饭要吃八分饱，谈恋爱也一样。

7) 试着给对方发“突然间想到了你，所以想给你发短信”

试着突然间给对方发一条没有任何理由的短信，即使对方没有回信，也不会因为这条短信而降低对你的好感度，不需要在意他（她）有没有回信。

在交往中，赞扬对方也十分重要。比如对方回信说：“我下周又要出差。”你可以很自然地表达出羡慕的心情：“好羡慕啊，我已经好久没有出过差了。”对方一定会回信说：“没有什么可值得羡慕的。”

短信这样一来一往，话题也会就此展开。

第14节
成功邀约异性的“心理术”

通过短信交流增进了彼此了解以后，试着跟他（她）约会吧。

在向对方发出邀请时，你应该注意些什么呢？接下来让我细细为你讲解。

1）约对方去人多的地方

约会要选在人多的放方，比如参加派对或者去人比较多的餐厅就餐，再或者参加活动或者去看比赛、看电影等等。

人比较多的地方，会让对方觉得安心，也更容易接受你的邀约。

但是要注意一点，尽量不要带对方去你的朋友组织的聚会。约会要选在人很多但没有彼此熟人的地方，这样的地方是最理想的。尤其对方是女性的话，你突然间约她去你朋友的聚会，被拒绝的可能性非常大。

初次约会尽量不要急着把对方带入自己的“领地”，即使是喝杯茶，也最好选择在繁华的街区。

2）配合对方的兴趣爱好

经过一段时间的短信来往，你大概能够了解对方的兴趣爱好，因为你们短信聊天时，肯定会出现“喜欢做运动”或者“喜欢看电影”之类的话题。在选择约会地点时，要尽量去配合对方的兴趣爱好。比如，他（她）说喜欢棒球，那你就约他（她）去看棒球比赛，如果他（她）说喜欢看电影，那就约他（她）一起去看场电影。

我也很推荐你们一起去看演唱会，但是第一次不要约他（她）去看他（她）最喜欢的歌手的演唱会。如果他（她）非常喜欢这个歌手，以至于已经加入了这个歌手的歌友会，而你买了这个歌手的演唱会票约他（她）一起去看，他（她）自然非常高兴，但是对他（她）来说，这份情意也许有点过重。对方会觉得：“非常感谢你的良苦用心，但是这份情意怎样来还呢？”

当你们两个人的关系发展到了一定程度以后，再去看他（她）喜欢的歌手的演唱会，但是在那之前最好不要。如果去看演唱会的话，你可以考虑选择与他（她）喜欢的歌手同类型的歌手，这样的话，对方既不会没有兴趣，又不会觉得情义太重。

选择同类型的歌手也很容易，不管对方是喜欢舞曲类型的歌手还是喜欢摇滚或者乐队型的歌手，你只要打开搜索引擎，很容易就能查到。

3）邀约对方去自己曾经去过的地方

邀约对方时，你可以这样说："前几天我去迪士尼乐园看激光投影秀了，特别好看！现在的最新技术制作出来的投影很了不起，很让人感动，下次我们一起去吧。"这样的邀约方式传达给对方"我看了觉得特别感动，你一定也会被感动到"的信息，这也是"洗脑"的一种方式。

向对方发出邀约的目的是希望对方能够赴约，所以投其所好也十分重要。如果邀请不喜欢鱼的人去钓鱼，那么无论你觉得多么有意思，对方都不会想去。所以，在向对方发出约会邀请之前，弄清楚对方的兴趣爱好很重要。

4）找个好的理由

编个好的约会理由也是接近对方很不错的方法。

比如，对方住在上海，而你住在北京，你可以试着这样约对方："我马上要去上海出差了，上海有什么好吃的餐厅吗？你可以带我去吗？”

还可以试着这样约对方：“我妹妹要过生日了，我想给她买生日礼物，但又不知道该送什么。她和你差不多大，大概你比我更了解她会喜欢什么，可不可以请你和我一起去给她选礼物呢？”

总之，这种方式与其说是约对方，不如说是请对方帮自己的忙。这样的邀约方式让对方觉得很自然，不容易产生抗拒感，也更容易接受。

5）利用对方的好奇心理

你可以在谈话中留一个“诱饵”，比如，你可以说“前一段时间，我在法国买了一个很有意思的东西”或者“我找到了一本你会很感兴趣的书呢”等等，向对方强调“我有你很感兴趣的东西”。对方一定会很迫切地想知道是什么：“什么东西呀？快给我看看！”“什么书呀？”

这时候你可以试着约对方：“下次见面的时候给你看，你下周末有时间吗？”选择在下次见面的时候揭晓谜底，在那之前，不要透漏任何信息，充分调动对方的好奇心。

这就是我所说的利用好奇心理。

6）一起做游戏

游戏不仅局限于电子游戏，你也可以约对方一起去玩网球、保龄球之类的分胜负的游戏。你们可以制定一个奖惩规则，比如输了要请客，赢了能够得到什么奖励之类的。

这看起来只是简单的玩游戏、打比赛，所以不会让对方觉得是两人独处而产生抗拒感。但实际上，你们不仅能一起完成比赛，还有机会在比赛后一起吃饭，这就增加了两人独处的机会。

第15节
让对方无法拒绝邀约

第一次邀约对方时，你肯定非常希望对方接受你的邀约，你的心情也会因此而非常紧张吧？

下面让我来告诉你一些提高邀约成功率的方法。

首先，你可以试着这样约对方："我抽中了两张去意大利的免费机票，下周我们一起去好吗？"突然间接到这样的邀请，对方肯定会不知所措，因为你第一次约对方就是去旅行，对方很难说Yes："我可能不能和你一起去……"

没关系，被对方拒绝以后，你再试着这样约他（她）："那么后天一起喝杯咖啡怎么样？"这种情况下，对方通常会很快答应你的邀约。

其实你本来的目的就是想约他（她）一起喝咖啡，但在那之前，你可以提一个比较“无理”的请求，当被拒绝以后，你再降低条件，这时对方会因为拒绝过你一次而产生“罪恶感”，所以第二次会比较容易答应。用这种方法约对方会比你直接打电话约他（她）更容易成功。

千万注意，一定不能把顺序弄反了，如果你先约对方喝茶，被拒绝以后再约对方去意大利旅行，这样的顺序根本就不可能成功。

还有一种邀约技巧，也可以步步引导对方说Yes。

比如说，你可以向对方提出“今天天气不错，是吧”“明天会变天吧”之类的简单问题，这时候，对方只能回答“Yes”。几个问题过后，你再很自然地询问对方：“明天一起喝杯咖啡如何？”因为对方的大脑刚才一直都在回答肯定的答案，很难说No，所以，对最后一个问题，他（她）也会很自然地回答“好啊”。

另外还要善用对方的耳朵。

多项科学研究表明，左右耳也有它们各自的“偏爱”和“擅长”。意大利科学家经过实验发现，人类的右耳“耳根更软”，更容易听从意见、执行命令。同样的话，你对着对方的右耳说，就比对着对方的左耳说，更能让他（她）听进去。

无论是物品发出的声音或人说话的声音，你是否也认为两只耳朵听到的声音都一样呢?

实验发现，人类耳朵听到的声音会被大脑分开来处理，而且人们从右耳听到的声音会被优先处理。最近还有一个在意大利的大学进行的实验，实验小组发现，从右耳听到的命令最后被付诸行动的比例，是从左耳听到时的两倍。他们认为左脑主控积极的情绪，右脑主控消极的情绪，而右耳听到的话语，会被传送到更容易接受别人请求的左脑来处理。

根据《大脑和行为学》杂志的报道，实验人员在意大利佩斯卡拉的俱乐部做了一个有趣的实验。

当你身处一个舞厅里，周围电子摇滚乐的声音震耳欲聋，这时，一名女士向你走了过来，凑近对你大喊：“能给我一根烟吗？”她冲你哪个耳朵喊，你给她烟的几率才会更高呢?

实验的结果是：如果她朝你的右耳喊，那么你给她香烟的几率将会是对左耳喊的两倍。在88个被朝右耳喊话的人中，有34个人听到了，并且递了烟，而在88个被朝左耳喊话的人中，只有17个人这么做。

人类右耳“耳根更软”，更容易听从意见、执行命令。同样的话，对着右耳说就比对着左耳说更能让人听进去。如果你有重要的事情或者请求，那么对着对方的右耳说比较容易达到目的。

但是，如果说的是甜言蜜语，情况就不同了，这时对着左耳说才更加奏效。

美国萨姆休斯敦州立大学科学家的研究显示，如果你对女友的左耳说甜言蜜语，会显得更中听，如果是附耳相劝或想传达一些非情感的信息和指示，则对着她的右耳说更奏效。

因此，如果你想更有效地传达情话，就请记住“话从左耳入”的秘诀。

该项研究邀请了100位男性及女性接受测试。实验中，志愿者按要求佩戴好耳机。通过耳机，他们从自己的左耳和右耳分别听到多组不同词语。每组词语包括一个情感类词语和一个中性词，两个词的音节长度相同，均被以不带任何感情色彩的语调在左右耳同步读出，且哪个词在左、哪个词在右是随机的。

听完词语后，他们按照要求写下自己之前听到的词语。测试结果显示，受访者从左耳听到的情感类词语，比如“爱”“接吻”“热情”等，可分辨及记得的超过70%，但当他们以右耳聆听同样的词语时，却只能记得58%的内容。

这篇发表在美国《荷尔蒙与行为》杂志上的研究认为，对着爱人的左耳甜言蜜语更能俘获其芳心。科学家在这项研究中还发现，左耳对笑话和趣闻轶事的感受能力同样比右耳强。负责该项研究的神经生理学家辛卓强指出：“研究有力地证明了人对左耳听到的情话拥有更强的记忆。这结果也说明了人的右脑负责接收情感类的信息。”

左右耳功能相同，不同的是左右脑的分工！所以想要得到异性的心，记住，请对着他（她）的左耳说话！

第16节
制造完美的初次约会

我经常能听到这样的抱怨："因为太紧张了，第一次约会很不顺利。"

那么，牢记下面几项技巧，能避免你在约会中出错。

1）着装要适宜

一定要注意着装适宜，这一条看似很简单，但是最容易被忽视。比如，去球迷俱乐部的话，穿西装就很不合适，而应该选择相对休闲的装扮。

女士应该注意妆不宜过浓，男士要干净整洁。

2）不要谈自己的恋爱史

和喜欢的人约会时，有些人会把自己过去的感情经历一五一十地全部告诉对方。我完全理解他们希望对方能够更多地了解自己的心情，但是这样做并不会给对方留下什么好印象。

在谈话中过多地抱怨前男友或者前女友，会让对方觉得你只会一味地指责别人，同样的，如果你贬低自己、表扬前任，又会让对方觉得你这个人缺乏魅力。

所以，为了避免这些，就不要向对方提及自己过往的恋情了。

3）男士最好准备个小礼物

你不需要准备太贵的礼物，准备一个两三百块钱的小礼物就好。挑选那些对方会喜欢但体积又不是太大的东西最为合适。

我个人觉得，准备一份小甜品，或者一本书，或者不太贵的小饰品是最适合的。

4）不要过多询问对方的私事

随着交往的深入，你可能想要更多地了解对方，但是有些事情，比如对方的家庭、收入等相对比较私密的事情，在第一次约会时最好不要问，因为过多地询问对方的私事，会引发对方的反感。

5）关于买单

第一次约会时，最好由男士买单，男士借此可以向对方传达“我对你有好感”的意思。如果第一次就选择AA制，会让女士很失望，觉得这位男士根本就不打算进一步发展下去。

如果你是女性，在买单的时候，你也要拿出钱包，让对方看到你有结账的意识，这时男士一定会说：“不用不用，我来付！”你只需要面带微笑地说：“谢谢你的款待！”女士拿出钱包的动作，是在告诉对方：“我是一个很独立的人。”

第17节
选择适宜的约会餐厅

如果对方答应了你的约会请求，那么接下来最重要的事情就是选择餐厅。

第一次约会最好选择那种人比较多、价格不太贵、普通上班族也承担得起的餐厅，比如有很多分店的人气餐厅。有人气的餐厅，一般就餐人数很多，会让对方觉得安心。

当然，你也可以约朋友一起，但注意不要超过四个人。四个人以上的团体很容易形成“谈话小团体”，会妨碍你和对方的交流。

有些人第一次约会想要选在高级餐厅，但是，如果你第一次约会就选择了高级餐厅，那么第二次约会该选在哪里呢？如果你在之后的约会中把餐厅“规格”降下来，选择了普通的餐厅，他（她）也许会感到失望。

还要注意一点，第一次约会时，不要吃完饭后再约对方去喝一杯，进行所谓的“下一场”。你要在吃完饭后就和对方道别，“还想再和他（她）多待一会儿”的心情保留到下次约会吧，这样会让对方有种意犹未尽的感觉。利用这种意犹未尽的感觉，你可以顺利约到下一次。这是我前面说的“八分饱”。

如果你在第一次约会时，就把自己的所有都展现给了对方，那么接下来的约会就很难进行。人和人的交往是需要通过多次接触的，如果对方在第一次约会时，表现出了希望进一步了解你的意愿，且约会是在对方尚对你充满好奇、意犹未尽的时候结束的，那么他（她）更容易接受你的下次邀请。

你不会傻到在第一次见面时就突然向对方告白吧？感情的发展是一个循序渐进的过程，你必须在几次接触之后，再试着向对方表达“我们交往吧”的意愿。

第二次约会时，虽然不需要选在很高级的餐厅，但要注意餐厅的环境，不要选在人很多、环境很嘈杂的餐厅。

第二次约会一定是两个人单独的约会，环境太嘈杂的话，会破坏约会的气氛。

选择好餐厅后，还要注意座位的安排。最好选择那种靠近大的落地窗、能看到外面景色的座位。你要背对窗户坐，而请对方面对窗户坐。我为什么要你这样安排呢？因为人对光是十分敏感的，如果你背对着窗外的夜景，夜晚的灯光会成为你的背景，你整个人会看起来更漂亮，散发出迷人的光彩。如果没有订到有夜景或者落地窗的座位，选择背对白墙而坐，效果也是一样的。

第三次约会时，你就会考虑向对方告白了吧？

如果你决定向对方告白的话，那就把约会地点选在高级的餐厅。落座后，你要先把酒单递给他（她），询问他（她）：“喝点什么？”他（她）一般会说：“什么都可以。”问过对方喝什么以后，再问他（她）：“你想吃点什么？”他（她）也会说：“你来决定吧。”这一系列简单的询问，可以引导对方习惯于说“由你决定吧”。这样询问他（她），不仅是因为尊重他（她）的意见，更重要的是，当你在就餐之后邀请她“我们再去喝一杯吧”时，对方也会习惯性地、很自然地说：“由你决定吧。”这两句看似很普通的询问，实则是很必要的心理暗示。

一般来说，除了那种每天都吃高级料理的人以外，如果被邀请去高级餐厅，他（她）会觉得“让对方破费了，很不好意思”，会很自然地产生渴望补偿对方的心理，并希望在什么时候能对你做出些补偿。所以在高级餐厅就餐以后，你们的约会往往变得很顺利，对方会不好意思拒绝你的其他邀约。

还有一个小技巧就是，如果你们吃的是套餐的话，要提前通知餐厅服务员把最后一道甜品去掉。为什么我希望你这样做呢？因为你可以在就餐以后这样约她："我知道有一家很棒的甜品店，一会儿我们一起去吧。"因为只是一起去甜品店，她不会产生抗拒感，会很容易答应你的邀请。

第18节 在恋爱中掌握主导权

这一节是针对那些想要掌握恋爱主导权的人而讲的。

掌控恋爱主导权的关键在于保持适当的距离。太过亲近，会让对方会觉得“反正他（她）那么喜欢我”而不会珍惜你；太过疏远，又不利于恋情的发展。如何控制两人之间的距离，是需要一定的技巧的。

男性篇

1）邀约时不要选择站着说话

跟对方交谈时，要尽可能地选择坐着的状态，如果只有一个座位，那就让给女士坐。人通常在坐着的时候更放松，所以也更容易被暗示。催眠术中，被催眠的人大多是坐着被催眠的。

最理想的邀约情境是：在傍晚时分，她工作了一天，很疲惫，而且处于坐着的状态。这时候，她处于容易被暗示的状态，你的邀请也不容易被拒绝。

2）在她面前松领带、挽袖子

男人们通常觉得女人捡东西的动作十分的性感，同样的，对女人来说，男人松领带、挽袖子的动作也十分有魅力。

如果时机恰当的话，一定要试试在她面前做松领带、挽袖子的动作。

3）第一次约会时不要牵她的手

第一次约会时，你一定非常兴奋："终于成功约到她了！"这时你可能会很想牵对方的手，但是我希望你能克制住这种心情。第一次约会就牵对方的手，会让她会觉得："是不是太快了？""他一定是个情场老手。"

不要过于着急，慢慢来。

4）偶尔试着向她撒撒娇

这是女性经常会使用的小技巧，但其实男性使用这个技巧会更有效，因为女人有与生俱来的母性。"他只对我撒娇"，会让她产生优越感。

当然，撒娇也要掌握好“度”，在她能接受的范围之内偶尔任性一下，效果会很不错。

5）在她刚起床的时候打电话给她

人在刚起床的时候很容易被暗示，而且她这个时间段愿意聊天的对象，一般都是关系亲密的人。

有这样一种说法，“男人用眼睛恋爱，女人用耳朵恋爱”，意思是说，男人渴望见到自己喜欢的异性，而女人通过电话就能得到满足。

还有一点，就是她刚起床的时候，大脑还处在一种不是特别清醒的状态，这时她会觉得你的声音比在她清醒状态下更迷人。

6）第一次约会时间短也没关系

如果你或者对方工作很忙的话，第一次约会时，一起喝杯咖啡也不错。

喝杯咖啡，三十分钟左右，虽然时间很短，但是能够见到对方，又不会因为时间过长而影响到她的工作，所以她很容易接受你的邀请。

7）谈论异性的话题

两个人见面时，可以试着谈论异性的话题。

要注意，一定不能谈论你的前女友。

为什么要在她面前谈论别的女性（你的前女友除外）呢？因为女人的嫉妒心比男人强，谈论其他异性时，会激发她的嫉妒心，你可以通过这一点让她发现她其实是喜欢你的。

8）不要突然送很贵重的礼物

你突然间送给她很贵重的礼物，会增加她的心理负担。

男人希望通过赠送贵重的礼物来展现自己的经济实力，但对女人来说，这并不是好的做法。

9）找准时机，打破她的安全距离

我在前面说过，40厘米以外是我们的安全距离。如果你进入对方的安全距离以内，会让对方过度紧张，无法正常思考，失去理性的判断力。如果你的脸和对方的脸只有10厘米的距离时，她会不知所措，变得无法思考。

靠近对方时要找好时机，不能显得过于刻意，不要让她觉得你是在捉弄她。

10）交谈时多使用“我们”

表述你和她两个人的事情时，不要说“我和你”，而是用“我们”“咱们”“咱俩”这样的称谓。

把两个人包括在一起的称谓会让对方产生“我们联系在一起”的错觉。

11）避开她的视线

当你们视线重合时，你要迅速避开。这样一来，对方会搞不清楚状况：“咦，发生什么事了？”

其实这是为了引起她的注意，故意制造的神秘感。

12）轻抚她的头发

女人喜欢温柔的男人，你轻抚对方头发的动作，会让她觉得你是个温柔的男人。头发是展现女性魅力的重要部位，当女人被自己喜欢的人抚摸头发时，一般是不会拒绝的。

比起亲吻，抚摸她的头发更能增加她对你的好感度。

女性篇

1）衣着不要过于性感

如果你想在恋爱中掌握主动权的话，那么约会时就要避免穿得过于性感，而要选择相对普通的装扮。

如果你最初约会时就选择比较性感的服装，男人会忍不住去想“她是不是要去酒店开房啊”，让男人觉得你是个随便的人。

如果你想控制对方的行为，那就不要选择过于性感的服饰，并且主动和对方保持一定的距离。

2）表现出适度的害羞

在约会中，很重要的一点是，你要在合适的时机表现出害羞、不好意思等。在男人看来，害羞的女人是很可爱的，而且可以向他表明你在认真地听他讲话。

男人很容易被女性特有的“小动作”所吸引。

3）不要立刻接电话

如果对方打电话来，你不要急着接，而是转去留言信箱之后，你再给他打回去。

现代人，特别是女性，因为平时都喜欢玩手机游戏，或者经常发微博、微信，手机会经常拿在手里。每次对方打电话来，你都立刻就接，会让他觉得“她一直在玩手机啊”。

如果哪天他发来你不知道该怎么回的短信，你一直犹豫着没有回复，他会产生疑惑“平时回复都很快，今天这是怎么了？”

所以，请尽量不要让对方觉得你一直在摆弄手机。

4）偶尔AA制

如果约会时都由男士付账，你会有一种“一直受他恩惠”的感觉，渐渐地，你会不好意思在他面前发表自己的意见。

你要偶尔和他AA制，给自己营造一个“言语自由”的环境。

5）**偶尔递纸巾给他**

在用餐途中，或者当对方不小心把衣服弄脏时，经常会用到纸巾。这时候，你可以帮忙递纸巾给他，这虽然是很小的动作，但会让他觉得你是个很细心的人。

你只需要把纸巾从包里拿出来，然后递到他手上就好，不要帮他擦嘴，或者擦弄脏了的地方，因为这种行为容易让他觉得你很像他母亲。

6）**偶尔凝视远方，保持沉默**

在约会的时候，你是不是会怕他感到无聊而一直不停地讲话呢？其实，你可以偶尔望向远方，作出像在思考什么的神情。

这样做的目的是让他觉得你是个有深度、很神秘的人。人容易被看似很有深度、自己看不透的人所吸引，因此，刻意在他面前制造神秘的气氛，会让他对你更感兴趣。

7）**偶尔帮他掸掉身上的灰尘**

如果他的衣服上沾有灰尘、线头等，你可以帮他掸掉。这虽然是小动作，但会让他感到“她一直都在关注着我”。

即使他的衣服上没有沾上什么东西，你也可以假装帮他掸掉，因为他又不知道是不是真的有灰尘。

8）在他面前做捡东西的动作

你可以在他前面1米到1.5左右的距离，做捡东西的动作。

这个动作可以很好地展现女性的线条美，突出女性性感的特征。一般不会有男人不喜欢这个动作的。

9）不要以为男人会喜欢任性的女人

有很多女人经常向男人撒娇、任性，但往往并不会赢得男人的好感。

其实男人并不喜欢女人向自己撒娇。在潜意识中，男性其实渴望向女性撒娇。

我们经常会听到有女性抱怨："我和男朋友住到一起以后，他简直像变了一个人，动不动就向我撒娇！"他之所以会有这样的变化，是因为他在你面前表现出了真性情。

第19节
关于那些无聊问题的“神回复”

在恋人之间或者夫妻之间，女人偶尔会问一些让人不知如何回答的问题，而男人们经常会发出这样的感慨：“她是怎么想的？为什么会问这种问题？”对于这类问题，男人无论给她什么答案，她都会生气。

下面列举的一些问题的备选答案，都是男人们经常给出的答案，但遗憾的是，没有一个是正确的。

如何回答她的问题才算正确呢？我选出了一些很好的答案，在这里和读者朋友们分享一下。

◎ 你喜欢我吗？

答案A：“我爱你！”或“喜欢你呀！”

答案B："不用问也知道吧！"

答案C："呃，好烦啊！"

A选项会让对方觉得有些许被糊弄的感觉。

B选项有想要蒙骗过关的嫌疑，而且，你这样回答对方以后，很有可能会被继续追问同样的问题。

如果你选择了C选项，估计接下来免不了会吵架吧。

应对这种问题的正确做法是，你先不要急于回答，凝视她的眼睛三秒钟，然后深吸一口气，抱住她，说"是的"。

如果你觉得拥抱难为情的话，那就在凝视她三秒钟以后说"是的"。

她心里知道你是喜欢她、爱她的，但她就是想对你任性，想听你亲口说，其实她问这个问题本身就是在向你撒娇。

◎ 这件衣服怎么样啊？

答案A："不错呀！"

答案B："嗯，普通。"

答案C："你穿什么都好看。"

A选项感觉很敷衍，B选项会让她更加拿不准主意，C选项有些太随便，感觉像是要尽快结束这个话题。

正确答案是，你先走近她，对她说："你转一圈，我看看。"然后握着她的手说："很适合你呀！"

在回答她之前让她转一圈，这表明你是经过了认真的考虑之后，才发表自己的意见的。

还要记住一点，握住她的手时要面带微笑。

◎ 我朋友怎么样呀?

答案A："很漂亮！"

答案B："还是你比较好。"

答案C："我没怎么注意她。"

A选项是绝对不能说的答案。女人都无法接受"她比你好看"的评价，即使这里的"她"是关系再好的朋友也不行。

B选项听起来像是在骗她，所以接下来，她很有可能会逼问你："你一定不是这么想的，对吧？"

C选项看起来最靠谱，但是女人是不会相信的。相反，在她们看来，不予置评恰恰是因为你心里有鬼。

正确答案是：“作为朋友，她很替你着想，这样的朋友值得你好好珍惜。”

这种回答的好处在于，你不是针对她朋友个人的，而是站在她的立场上，就她们的友谊进行的评价，这会让她觉得：“这个男人不仅仅好好观察了我的朋友，还无时无刻地替我着想。”

◎ 我最近是不是胖了呀？

答案A：“没有呀，没胖。”

答案B：“是胖了点。”

答案C：“最近是不是太累了呀？”（反问回去）

A选项会让她觉得你回答得太快，根本就没有在听她说什么。

B选项，无论你们有多么相爱，关系有多么好，都不能这样回答她，因为这只会引发你们两个人之间的“战争”，即使你再补充一句“我比较喜欢有肉的女生哟”也无济于事。因为在她听来，你只是想找个借口罢了。

C选项会给人一种随便应付的感觉。

正确答案是，你去抱抱她，然后说：“现在胖瘦正合适。”

女人们即使知道自己胖了，也希望你喜欢现在的她。你抱一下她，和她有身体上的接触，相当于间接地给她了肯定的答案。她满足了心理要求之后，自然会喜笑颜开。

◎ 前女友和我，你更喜欢谁？

答案A：“当然是你呀，不喜欢你怎么会和你在一起呢？！”

答案B：“都有好的地方，当然也都有缺点。”

答案C：“必须是你呀，她根本无法和你比！”

A选项看似很正确，但是她有可能会继续追问你：“那么，你以后遇到了比我好的女生，你就会去喜欢别人了，是吧？！”

B选项说的的确是事实，但并不是所有女人都能接受事实，甚至有可能会因为这个答案把你甩了。

C选项看来是个不错的答案，但是在她看来，“前女友那么不好，你还和她交往过，可见你也未必有多么好”。

现在公布正确答案。你要在她毫无防备的时候吻她，然后说："如果再问一次，还会再亲你哟！"

如果你不好意思吻她的话，就轻捏她的脸，或者捏鼻子也可以，总之是制造身体上的接触。

她问这个问题的意图是想要你告诉她"前女友是个很优秀的女孩，但是我还是选择了你"，让她有优越感。但是直接这样回答她，她还是很难接受，所以最好的办法是利用身体接触和甜蜜攻势"你再问我，我还会亲你哟"，以"混淆视听"，模糊她的焦点。

◎ 我变成老太婆了，你还会喜欢我吗？

答案A："不用担心，即使变老了你也一样漂亮。"

答案B："随着岁月的增长，你会有不一样的魅力的，不用担心。"

答案C："不用担心，我也会变老的。"

先说A选项，女人听到这样的回答应该会很开心，但是这听起来很不现实。

再说B选项，女人其实很明白"人老色衰"的道理，所以这样的安慰根本起不到什么作用。

再说一下C选项，这个选项说的是事实，但会让她觉得“果然没有人会喜欢老太婆”。

回答这个问题时，你要看着她，面带微笑，然后告诉她：“其实我更希望你能早点变老，这样你就只属于我一个人了。”

◎ 我和你妈同时落水，你先救谁?

答案A：“为什么要问这种问题，太无聊了！”

答案B：“一起救。”

答案C：“不会出现这种状况的，不要担心。”

这的确是个很无聊的问题，但是如果你选择了A选项，她一定会继续追问你。

如果你选择了B选项，她一定也不会满意，可能会继续问你“如果只能救一个呢”。

C选项算是个不错的回答，但是我们可以回答得更诙谐一些。

遇到这样的问题时，你可以这样回答："忘了告诉你，我妈妈是个游泳健将，她会把你救起来，根本不需要我。"

幽默的答案，会逗得她非常开心，也就不记得继续追问你了。

第二部分：“心理术”的实用技巧

自我篇

松·明·教·你·心·理·术>>>>>>

第20节
通过自我暗示，提高工作效率

为了每天都有不错的工作效率，我们可以利用“心理术”的技巧给自己的潜意识发出暗示。如果你每天都能坚持这样做，你的工作效率会有大幅的提高。

首先，早上刚起床的时候，你可以花十分钟时间想想“今天必须完成什么”。然后，睡觉之前，你再花十分钟时间想想“明天必须完成些什么”。

为什么要利用刚起床和就寝前的时间来想问题呢?

因为在这两个时间段里，信息最容易进入我们的潜意识。利用就寝前的时间，来整理一下明天要做的事情，比如“今天没完成的部分，要加到明天的计划里”，或者“后天要交报告，明天必须完成”等等。然后在第二天早上醒来时，回忆一下昨天睡前整理的事项。

在考虑工作计划时，一定要抱着积极的态度，比如你打算第二天去拜访十位客户，你就要这样给自己制订计划：明天一定能成功签约十份合同。如果对自己没有信心的话，什么事情都不可能做好。我们要每天利用这二十分钟时间，向自己的潜意识传达一个信息："我一定可以！"

中国人的平均寿命，男性是74岁，女性是77岁。只有把人生计划和生命长度结合起来，你才更容易获得成功。假设我们能活到80岁，也就是有960个月，再假设你今年30岁了，也就是已经过了360个月。如果按80岁算的话，你还剩下600个月。

你可以试着制订余下的600个月的计划，比如，把你希望在什么时期达到什么目标等等都记录下来。如果你还没有想过老了以后的生活，那就先制订到60岁退休为止的计划吧。

制订这样庞大的计划，不仅能让你直观地看到自己完成了多少计划，而且会让你有紧迫感："我的人生就剩下这么一点了呀！"想要做的事情不能一直拖拖拉拉，要尽快完成。

第21节
通过自身调节，获取超强注意力

下面是几种可以提高注意力的方法，它们看似很普通，但十分有效。

1）有规律的生活

每天在同样的时间起床，在同样的时间睡觉，在同样的时间吃饭，过有规律的生活，能够提高我们的注意力。

大脑在氧气不足的状态下很难保持精力集中，所以，偶尔做做运动也是提高注意力的好办法。

在有重要活动的前一天，很多人容易失眠。如果你一直保持着有规律的生活，那么在通常就寝的时间点就寝，你就不会失眠。

一直习惯晚睡的人，如果因为第二天有重要的事情而早早地就寝，反而会比平时的入睡时间还要晚。所以你一直习惯晚睡的话，那么就不要强迫自己早睡觉，按照平时的作息时间就寝即可。

2）不要通宵工作

很多人会不断给自己加压：“我今天一定要完成XX工作！”

你身边一定有不少这种为了赶进度而通宵工作的人。其实通宵工作的效率是很低的，短暂的睡眠——哪怕是十几二十分钟也好——能够使我们的大脑得到休息，使我们的注意力更加集中。我们大脑的构造决定了它无法一直保持高度集中的工作状态，即使是短时间的休息，也能让脑疲劳得到缓解，从而再次集中精力，继续工作。

3）保证充足的营养

大脑也需要补充营养，只有充足的营养，才能保证大脑集中注意力。

你有偏食的毛病吗？有的话就尽快改一下吧，全面的营养才能保证大脑的正常运转。

4）不要让大脑过于兴奋

如果你有一份需要集中精力才能完成的报告，但在此之前你看了自己喜欢的球队的比赛，或者玩了很激烈的游戏，那么你的精力都在看比赛和玩游戏时被用掉了，当你再去工作、学习时，就很难集中注意力。

所以，为了能尽快进入工作或学习状态，请不要让大脑过于兴奋，而要尽量保证心情平稳。

5）设定一个信号

你可以给自己设定一个“信号”，通过它来对自己进行心理暗示。比如，在每次进入工作状态之前，你可以边拍手边说：“好，要开始努力了！”你也可以把戴帽子或戴眼镜的动作设定成这样一个信息，向自己传达“只要我做了这个动作，就要开始集中精力工作了”的暗示。

设定任何形式的信号都可以，重要的是要每天坚持。

6）不要想“我必须要集中精力了”

当我们在注意力涣散的时候，就会忍不住想“我必须要集中精力了”，其实，试图强迫自己集中注意力是没有用的。

你可以试着听首歌，让自己放松下来，调整好状态再继续工作，当然也可以再重复一遍5）的信号设定动作。

7）用身体动作调动注意力

重复相同的工作内容，也容易使我们注意力涣散，使工作进度变慢。这时候，我们可以利用身体动作来调动注意力。

你可以瞪大眼睛，竖起耳朵，手写记笔记，用很小的声音把今天必须完成的事项“嘟囔”一遍……利用我们的五官，可以调动起注意力，同时还可以击退困意。

竞走比赛前，运动员都会做准备活动，比如甩甩手，跺跺脚。这和我所说的道理是一样的，大家都是在利用身体动作，给大脑一个讯号：要集中注意力了。

第22节
通过自我控制，快速走出失落

事后反省是很重要的。为了不再犯同样的错误，我们直视自己的错误、分析失败的原因是非常必要的。

但是完全沉溺在失败之中，过度地自责，则是毫无意义的。反省完自己的错误、分析过失败的原因之后，就应该尽快调整心态。

但是，现在不能很好地、及时地调整心情并顺利走出失败阴影的人在不断增加。下面，我来教给大家如何顺利地、有效地调整情绪。

1）不要过于在意失败

当我们遭遇到失败时，总是会不自觉地钻牛角尖，容易深陷自责之中。

避免这种问题产生的最好办法，就是转移注意力，找些别的事情做，让自己无暇自责。我们的大脑并没有我们想象得那么聪明，它无法同时处理两件事，所以，用另一件事来转移大脑的注意力是最好的办法。利用这个机会，你也可以挑战一些从没有做过的事情。

让生活忙碌起来，能帮助你尽快走出挫败的阴影。

2）向他人诉说

如果你一直把烦恼憋在自己心里，又很难消化，它就会渐渐变成你的心理负担。这时候，找身边的朋友倾诉是个不错的选择。

找朋友诉说烦恼，不仅可以转换心情，还能得到朋友的建议。倾诉的过程本身就是很好的减压行为。

3）避免消极想法

“为什么我总是那么不顺？”

“为什么不幸的事情总是发生在我身上？”

我们很容易产生这种错觉，即认为自己是最不幸的，但事实并非如此。如果你一直陷在这种错觉中，就很难从失败中走出来。

我们要避免这种消极的想法，乐观面对，以更积极的态度去思考问题。

4）时间会解决一切

在这个世界上，没有什么事情是过不去的，所有的问题都会随着时间的流逝而被解决。无论你现在有多么消沉、失落，你都要相信，这种情况是不会持续一生的。

也许你会问自己：“那这一切什么时候才会过去啊？”把答案交给时间吧，随着时间的推移，烦恼总会有结束的一天的。

5）不要过度放大自己的失误

出现一次大的失误以后，我们会变得容易否定自己。“这个我不行”“我一定无法完成这项工作”等等。

也许这样的念头只是一闪而过，但它们会被留在我们的潜意识中。以后再遇到同样的事情时，我们的潜意识会出现“我肯定不会成功”的念头，从而驱使你犯同样的错误。所以，不要让大脑有机会记住“我做不到”之类的信息，而应该积极地思考怎样才能取得成功。

每个人都有自己的长处和短处，与其刻意隐藏短处，不如扬长避短，优化自己的长处，让自己变得更具竞争力。

6）设立一个“小目标”

当你失落、缺失斗志的时候，更应该思考未来、设立目标。

你不需要设立多么远大的目标，只需要设立很多小目标即可。你努力去实现小目标的过程，就是你不断成长的过程。与此同时，你会因为把所有的注意力都用在了完成目标上，而顾不上失落。

任何事情都可以设定为自己的目标，如果你因为过度失落而没有食欲，那么，你可以试着把“一日三餐，按时吃饭”设定为自己的目标。

你要明白，事情既然已经发生了，你就不可能在一天之内解决完所有问题。当下最需要的就是时间，你需要用时间来慢慢冲淡一切。

7）**自我暗示**

“一定会成功的！”“放弃吧！”“没关系的！”

试着默念这三句话，你会发现自己的心情变轻松了。

问题总有一天会得到解决的，虽然现在的你可能感到很痛苦，但是痛苦总是会过去的。当你告诉自己“放弃吧”的时候，你会发现你的压力已经减轻了一半。

这三句话代表的都是乐观看问题的态度。你不是非得要把它们念出声来，也可以写在自己的记事本上。当你遭遇到挫折时，不妨看看这三句话。

当然，最有效果的自我暗示，还是同时利用视觉和听觉来刺激大脑。

恋爱“心理术”

女生的25个心理弱点

1.女生在旅游中会变得不可思议的大胆，前提是你能让女生答应跟你一起出去旅游。

2.在女生还在睡眼朦胧时给她打电话，会让她产生不一般的幻觉。

3.不断制造在女生右耳垂上方跟她说话的机会，会在她潜意识里提高你的“性感度”。

4.刚开始交往时，要制造不同的约会氛围，且强调“只是三十分钟约会”，会让女生的紧张和不安感消失。

5.在约会中应该尽量少用“你”的称谓，而是直接叫她的名字，这会在潜意识中增加亲切感。

6.在交谈中加入别的女生的话题，会在潜意识中提高女生的嫉妒心，让她更在乎你。

7.在约会中偶尔增加突然沉默的时间，会突显你男人的魅力。

8.女人一直都很在意男人是否注重整洁和个人

卫生，因为她们会不自觉地联想跟你在一起以后的感觉。

9.约你心仪的女生时，最好不要站着约，因为女生在坐着的时候往往最容易被暗示。

10.当你突然赠送高价的礼物时，女生往往会有“只是身体的交易”的错觉。

11.当你突然变得温柔时，女生对你的防卫心往往会变得更强。

12.当用到“偶然的相遇”和“命运的缘分”这些词时，会缩短你们决定约会之前不必要的时间。

13.下午四点到七点夕阳西下的时候，是女生最容易答应邀约的黄金时间段。

14.当你用视线去“抚摸”女生的时候，她会产生身体被抚摸的错觉。

15.约会时，你们酒杯之间的距离，暗示了你们心之间的距离。

16.第一次约会就急于牵女生手的话，会让她联想到接吻和上床，对你产生不信赖感。

17.贴近女生的脸说话，很容易让她的回答失去理性。

18.进入酒店房间之后，首先拿出红酒这一举动，会提高你的“性感度”。

19.初次约会时，带女生去热闹的餐厅，会消除她的戒备心。

20.带女生去高级餐厅约会时，女生会把很多的主动权交给你。

21.赞美女孩的心要比赞美她的容貌，更能让她对你充满好感。

22.约会时经常用“我们”这个词，会让女生产生你和她连接在一起的错觉。

23.约会时，如果你过多地谈论炫耀自己的话题，会让女生对你的兴趣慢慢降温。

24.约会时，如果你过多地问到这个女生过去的事情，会让她瞬间变得冷淡。

25.眼睛是心灵的窗户，当你一直看着对方，突然改变视线时，会增加她对你的注意力。

你也可根据对方的性格、习性等，灵活运用以上所述。

第23节 给自己的声音来个“美图秀秀”

给熟人打电话的时候，即使还没问对方的姓名，你一听声音也能知道“啊，是他呀”。在工作中，我们也经常遇到这样的情况：在见面之前，你因为公事和对方通过几次电话，等到正式见面时，你一听到对方的声音，立刻就能把对方认出来“这一定就是他了”。即使没有见过对方，对方的声音也能给我们一种似曾相识的既视感。

声音对人的影响力很大，声音是增加好感的重要武器之一，让我们给自己的声音来个“美图”吧。

我在演出的时候，会特别注意自己的声音。

我们耳朵直接听到的自己的声音，和录音以后的声音是不是有些不同呢?

这和镜子中的你和照片中的你看起来不太一样是同样的道理。镜子中你的影像和耳朵直接听到的声音都是反射之后的结果。经过反射以后，我们的容貌和声音都比真实的状况要优秀大概30%左右。所以录音以后的声音听起来很不一样，甚至有些陌生。

首先你需要准确了解自己的声音。你可以用录音机把自己的声音录下来，反复播放，试着分析自己的声音特点。

你要记住一点，无论是谁的声音都有自己的独特魅力。接下来，你要定制你自己的“音感”。你可以试着放慢语速，或者在说话时加入停顿等等，找出最适合自己的说话节奏。

练习“音感”最好的方法就是朗读文章或者报纸，你还可以试着研究电影、电视剧或者动画片中配音的特点。

由于声音是可以反射的，你在做朗读练习时，可以离墙壁30厘米左右，面向墙壁站立。你的声音遇到墙壁后会反射回你的耳朵，通过这样的练习，你会慢慢习惯自己的声音。这是很有效的声音练习法，我在后面的章节里会具体讲解。

发声的时候，要想着声音是从眉心上方发出的，这样你的声音会变得很爽朗，给人很有活力的感觉。

我们中国人常说，“说话要有底气”，由此可见，好的声音在日常生活中能够传递信赖感。如果能在工作中运用好声音的话，你一定会比以前表现得更出色。

当你向对方表达诚意的时候，语速要比平常慢一些，声调要尽量放低，给对方一种“你很沉着冷静”的印象。人与人间的信赖感，都是通过这些小细节不断积累起来的。

如果你是个推销员，那就更需要注意这些细节，因为上门推销的时候，你需要从素未谋面的客户那里取得信任。如果你天生就有一副好的嗓音，那自然很幸运。如果没有，那就需要训练自己的声音和说话方式，因为你想要向对方传达的信息，都是通过声音来表现的。你可以采用我上面所说的录音法，先试着录几个不同的版本，研究哪种说话方式是最好的，并在此基础上不断打磨。

反过来，我们也可以通过对方的说话方式来判断对方的状态。比如，当对方的语速突然变慢时，说明他（她）可能有些难言之隐，不想谈当前这个话题，因为语速变慢是心里不安的一种表现。如果对方在谈话中语速突然变快，那很有可能是在撒谎。如果是平时不太爱说话的人突然间话很多，那么他（她）很有可能是在试图掩盖些什么。仔细分析对方的说话方式，你就能够从中得到很多信息。

总之，一个人的声音和说话方式中潜藏着很多的信息，这些潜在信息十分重要，所以我们要增强自己声音的表现力。

第24节 让所有人都听你的

通常来说，演说的成功与否直接关系着公司和个人的成败，所以，我们在演说过程中绝对不能出现失误。

这一节我来告诉大家，成功的演说都需要具备哪些要素。

你要把演说当成一场表演，认真地彩排。想要现场发挥得好的话，就必须做好事前练习。

在准备阶段，你需要把整个流程都写下来。

用笔写的过程是非常必要的，你可以把想说的话全都写下来，然后再斟酌用词、调整语序，认真考虑某个词换成另一个词是不是更准确一些，这一部分跟那一部分是不是有些重复……在修改的同时，你还要检查有没有遗漏的部分。

我们在思考的时候，大部分思考内容只存在于我们的潜意识中，而书写可以让我们把这些内容从潜意识中提取出来。

总而言之，你要把必须提及的内容和你想表达的内容全部写下来，然后再进行修改，去掉不必要的部分，变换表达方式等等。

在演讲时，简洁、有力的语言表达是十分重要的。

演讲当天不要照稿宣读，因为你在读稿时没有情绪变化，会让演讲缺少感染力和激情。这就跟我们学唱歌一样，只记得歌词和同时记得演唱的情感变化是完全不一样的。

苹果公司的产品发布会就是很好的范例，无论是主讲人的声音还是手部动作，都值得我们好好研究、学习。不管是乔布斯还是库克，他们的手部动作都十分多。丰富的手部动作配合有煽动力的语言表达，使得他们的演讲效果非常好。

在苹果公司的产品发布会中，“新的”（new）这一单词总是被大量提及，甚至有三十几次之多。“目前从未出现的”“独一无二的”等等也是苹果产品发布会的高频词。钻石因为稀有所以价格昂贵，同样的，不断强调产品技术的“新”和“独一无二”，也是为了让人们了解它的独特价值。

你一定也有过这样的经历吧：站在舞台中央，面对大家，因为过度紧张而大脑一片空白。

我们的大脑和电脑一样，都有一个固定的容量。当你过度紧张、害怕的时候，这样情绪就会充斥你的大脑，占据大脑90%左右的容量，而剩下的部分只有10%，这样一来，你想要表达的内容自然就想不起来了。

想要使演讲顺利进行的话，就要学会克服紧张情绪，而克服紧张情绪的最有效的方法就是心理暗示。当你紧张到不行时，可以深呼吸几次，这也是自我暗示的一种方法。你还可以考虑用一种自己专属的方式来克服紧张情绪，比如，把手表摘下来，再重新戴上。这个动作虽然很简单，但能使紧张感消失大半。

马上就要上台演讲之前，不要一直考虑“马上就轮到我了”“这个部分一定不能忘了说”，这样只会让你越来越紧张。这时候，你应该让大脑暂停或休息一下。

克服紧张感最重要的是要转移注意力。你也可以通过摸摸脸、揪揪耳朵等小动作给自己心理暗示，让自己放轻松。什么动作都可以，重要的是，你一定要提前设定好自己专属的“减压动作”。

克制自己打嗝的方法也有很多，比如“喝一口水咽七次”“跳绳”等等。我帮别人止住打嗝最常用的办法，就是给他看手相，当他的注意力全都集中到看手相这件事情上的时候，自然就忘记了打嗝。

第二部分："心理术"的实用技巧

练习篇

松·明·教·你·心·理·术>>>>>>

第25节
练出“秒杀”观众的视线

演说时，视线的位置也是需要特别注意的一个方面。

眼睛是心灵之窗，观察对方的眼睛，大概就能了解他（她）的心理状态。和声音一样，眼睛也是演讲成功与否的重要一部分。如果你的眼睛一直看来看去，眼神飘忽不定，会给人很不自信的感觉，相反，如果你的眼神看起来很沉着，你的演说也会更有说服力。

下面有三种方法，可以帮你练出很好的视线。

1）点视法

当你在讲到重点内容的时候，要把视线集中在一点上。

也就是说，把你的视线集中在一位听众身上，像是只在对他（她）一个人进行演说一样。这有点像在玩抛接球，你要把自己的视线抛给其中一位听众。

需要注意的是，随着演讲话题的不断转换，你要把视线抛给不同的听众。如果你一直都看着同一个人，其他的观众会产生疑惑。

点视法很适合有二十到三十个观众的演说规模，这种方式不仅能够引起听众的兴趣，还会让接住你视线的听众觉得自己很受重视。

如果你在演讲时视线飘忽不定，会让听众觉得你是在很努力地回忆事先背下来的内容。

2）总视法

总视法和点视法正好相反，就是不断移动你的视线。

这种方法通常适合用在大规模的演讲中。你可以把视线从观众席的左端慢慢移到右端，或者从最前排慢慢移动到最后一排。

采用这种方式的主讲人，会给听众一种“自信心爆棚”的感觉。这种方法还经常被用在歌星的演唱会中。歌星对着观众喊“现场的观众朋友……”或“二楼的观众，你们看得到吗？”这些都是总视法的一种表现形式。

这种形式可以让艺人和更多的观众进行眼神上的交流，同时，观众们会觉得“他看到我了”。

3）虚视法

虚视法，就是把视线固定在会场中心偏后的位置，眼神稍向上看。不是把视线固定在一个点上，而是让眼神看起来有些涣散。

演讲人在回顾过去的业绩，或者展望未来的时候可以采用这种方式。回顾过去好的业绩时，用虚视法会让听众觉得自己是在一边回忆一边讲，讲未来规划时，会让人觉得自己对未来充满信心、胸有成竹。

虚视法同时也会让听众觉得你是一个能成大事的人。当你向听众描述未来规划或者假设的事情时，把视线放得稍微远一点，能够增加说服力。

第26节
“读取人心”的练习

在运用“心理术”之前，要先练习如何“读取人心”。

下面我把我的练习方法教给大家。

练习初期，我经常用的方法是：观察咖啡店里的客人，想象他们都在思考什么。

我会观察坐在远处的情侣，通过他们的动作、表情，来想象他们的谈话内容，然后用笔记录下来。我偶尔也会故意找机会靠近他们，去确认自己猜想的是否正确，嗯，果然是在吵架。

我也会试着解读朋友发来的照片，最大限度地去解读其中的隐含信息。比如，这张照片是在哪里拍的、朋友当时和谁在一起、周围有什么陈设、整体的环境氛围是什么样的……解读这些隐含信息最需要的是观察力。

我们经常会忽略一些细节，那些明明每天都会接触到、会看到的东西，往往最容易被我们忽略。比如，你用的是不是智能手机呢？如果是的话，那么你手机桌面右侧最下面的应用软件是什么？你能否答对呢？以上这些问题，大部分人都答不对。我们每天都要看很多次手机桌面，但是大脑并没“用心”记下每个细节。

你的朋友们每天都会在微博、微信上上传很多照片，你可以仔细观察这些照片，尽可能地解读其中包含的信息。通过观察朋友拍照时的姿态，你可能会推测出对方的身体状况。比如，他（她）可能腰不太好。如果朋友经常上传拉面的照片，你就能猜到他（她）喜欢油腻的食物，据此可以推测他（她）应该不太苗条。

心理学称这样的解读为“热读术”，即从一个看得到的事实推测出更多你想知道的内容。这种方法在表演中也经常被用到。

再举个例子，比如电子邮箱，一个人的电子邮箱账号往往会夹杂着许多个人信息，如生日、昵称、宠物的名字等等。读取完这些信息以后，我会毫无预兆地、突然地问对方“你是夏天出生的吧”或“你养狗了吧”等等。被突然问到这些问题的大部分人，都会觉得我有超能力，其实我只是读取了你自己“泄漏”出的个人信息而已。

在第二篇第3节“初次见面时的沟通技巧”中，我提到过“冷读术”。

这里我再解释一遍，“冷读术”是指在没有任何准备的状态下去猜对方的心理状态。占卜师经常会使用这个技巧，比如占卜对方的初恋情人时，占卜师会向对方抛来各种问题“眼睛是不是很大”“皮肤是不是很白”等等，然后通过观察对方的表情来判断正确答案。我在前面提到过，如果占卜师说：“我能感觉到你的背后有动物，你是不是饲养宠物了？”即使你没有饲养宠物，你也会积极地配合，搜寻和动物有关的记忆。再比如，占卜师会说：“你平时很擅长交际、喜欢热闹，但是偶尔会想要宅在家里，躲起来，对不对？”其实大部分人都有两面性，很容易被说中，但是你一定会很吃惊：“他太了解我了，我不为人知的那一面，他居然也了解！”

再教大家一个提高观察力的方法，“猜左右手”。

准备一个刚好能够被握在手里的东西，一把钥匙，一枚硬币都可以，最好不要太小，以能填满整个拳头为宜。在你自己看不到的情况下，让对方把这个东西握在其中一只手里，然后两手水平状态下手心朝下。让对方先放下一只手，再抬起这只手，然后再换另一只手重复同样的动作。接下来，让对方把两只手同时放下，再一起抬起来。

你可以观察对方在做这一系列动作时的样子，判断东西在哪只手里。

你首先要观察的是对方的视线，因为对方总是会忍不住偷偷地看握着东西的那只手。然后是观察拳头的大小。你可能一下子很难看出两个拳头有什么不同，但经过仔细观察之后，你就会发现两只手有微妙的差异。接下来，再看看两只手的高度是不是有些差别呢？通常来说，握有东西的手会比没有握东西的手稍稍高一点，而且握有东西的那只手的大拇指根部肌肉和前腕弯曲肌肉会比较僵硬。还有一点是，握有东西的那只手，会无意识地用力握拳，手部活动会变得不太灵活。

如果你观察完这些细节之后，还是不太清楚对方把东西藏在哪只手里的话，那就试着和对方玩个小游戏。你要求对方："我现在问你几个问题，你全部都要回答No。"然后开始问对方："东西在你的右手里吗？""左手握着东西是吗？”通常来说，人在撒谎的时候回答问题的速度会比较快，你通过观察对方回答问题的快慢，就可以判断出东西在哪只手里。你可以重复问好几次，这是很好的观察力练习。

除了语言和表情以外，我们从其他方面也可以读出很多信息。通过解读所有这些信息，就能很好地了解对方的心理活动。

通过日积月累的观察力练习，我们逐渐就具备了“读取人心”的能力，这对你的工作、生活都大有裨益。

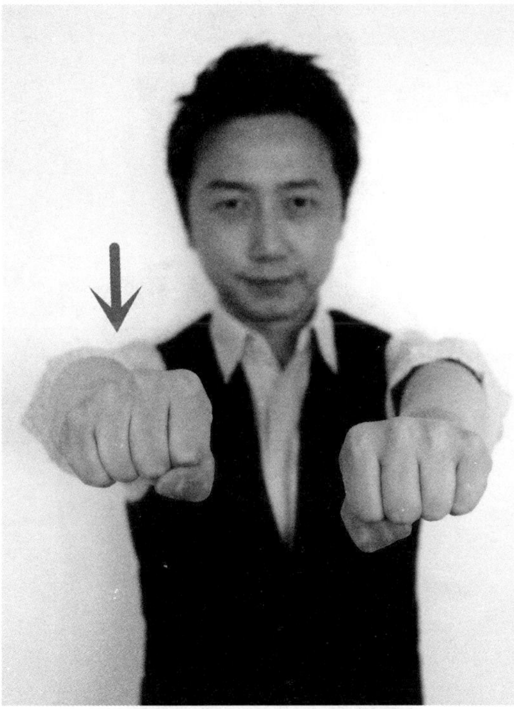

握有东西的右手会比左手稍微高一些，这也是经常出现的现象。当你让对方双手向上抬起时，注意观察哪只手比较高。

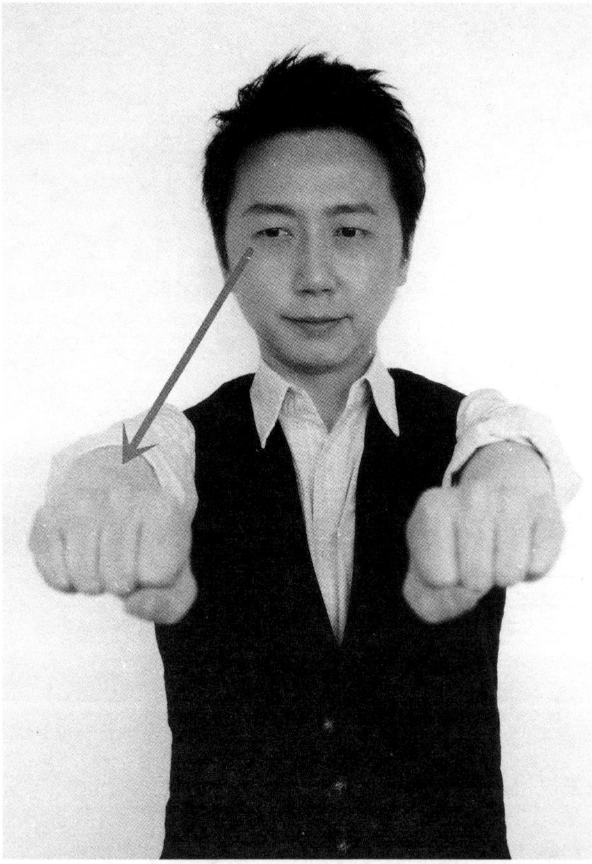

两个手腕向上抬起的时候，握东西的人会担心露馅，而忍不住偷偷看握有东西的那只手。很多人都会有这个小动作，一定要注意捕捉这个瞬间。

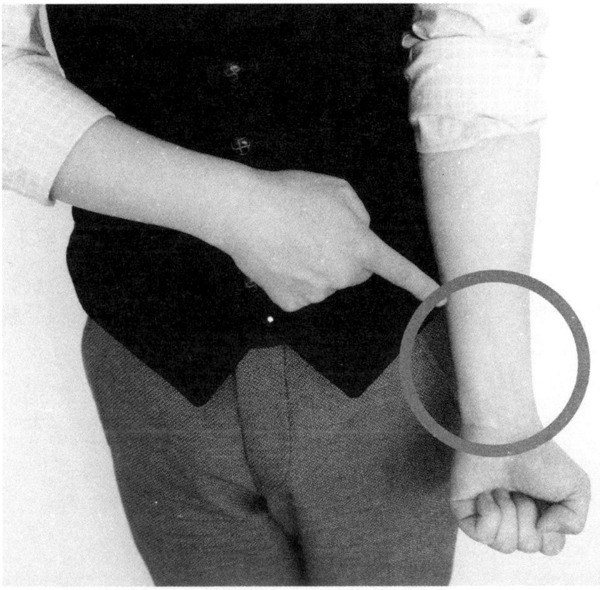

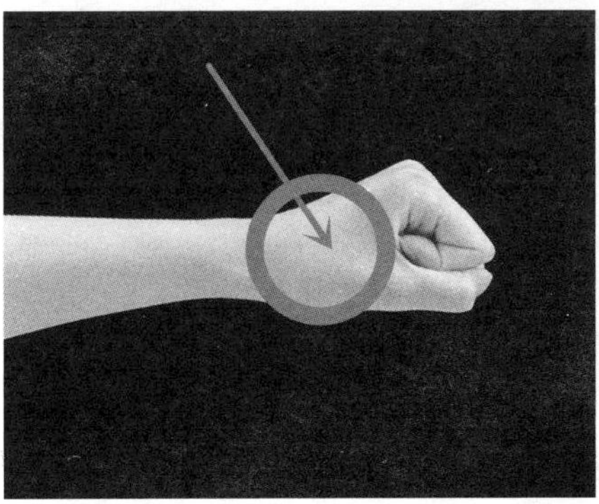

握有东西的手，大拇指根部和前臂肌肉会比较僵硬。如果你觉得用眼睛无法判断出来的话，那么用手来确认一下肌肉的状况。

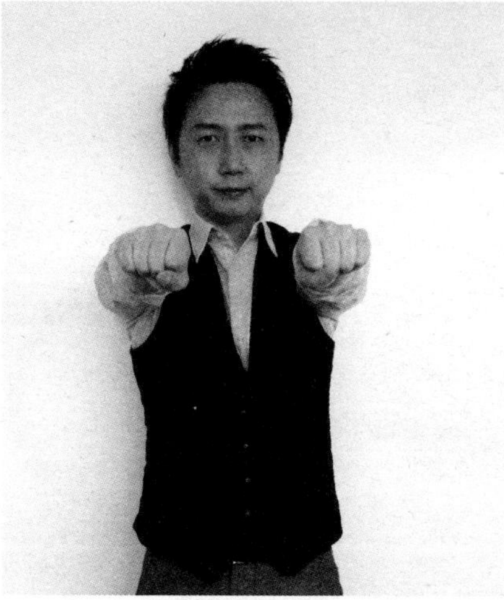

让对方的两只手做大幅度的运动：分开，然后并在一起。这也是一种判断方法。注意观察哪只手的动作比较迟缓，迟缓的手里藏着物品的几率要大。

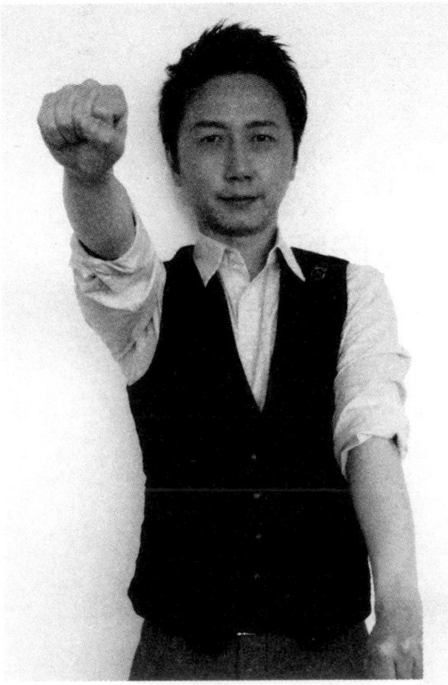

让对方单手抬起，通过观察其放下的动作会比较好判断，因为有东西的那只手，动作会变得比较迟钝而且阻力会变大。

第27节
展现自然笑容的练习

在生活里或工作中，第一印象非常重要。通常来说，一个自然、真诚的笑容就能给对方带来很高的印象分。

这一节，我来教大家如何展现自然的笑容。

准备一双一次性筷子，如果没有的话，用笔代替也可以。

让筷子处于水平状态，轻轻咬住筷子，嘴角的位置要高过筷子。如果你觉得难，那就用两手的食指按住嘴角，最大限度地向上推嘴角，保持三十秒钟。

这时候，在镜子中确认一下自己的笑容，以能看到上排八颗牙齿为最理想。

再次轻轻地咬住筷子，一边用双手托住两颊从下向上推，一边发出“咦”的声音，同样坚持三十秒钟。最后，放下双手，咬住筷子，保持嘴角上扬，数“1，2，3，4”，重复做八组。

你要每天反复练习，让大脑记住微笑时最理想的肌肉状态，只有这样，才能在陌生人面前展现自然的笑容，增加初次见面时的亲和力。

像这样轻咬住筷子的中间部位。

用食指把嘴角向上推，以看到上排八颗牙为最理想。

第28节
发声的速成练习

声音在对话中能起到很大的作用，所以，我在这里要向大家介绍一个我做艺人的时候经常做的发声练习。

因为发声和气息直接相关，所以我们要从呼吸开始练习。

首先，用鼻子快速吸气，然后让气息从口中慢慢呼出。呼吸时，要有意识地让空气进入腹腔，感觉就像鱼的鱼鳔充满了空气一样。像这样的腹式呼吸方式，会让我们比平时吸入更多的空气，而我们日常的呼吸方式多为胸式呼吸法，呼吸相对较浅。

肚脐附近有个穴位叫做丹田，你在吸气时要想着吸入的气体缓缓地进入了丹田。经过这样的练习之后，你会发现自己的呼吸变得更深了。

试着深吸一口气，然后从一数到一百。一般来说，大部分人只能数到四十，而你通过刚才的呼吸练习之后，可以坚持得越来越久。

发声练习的要点就是，要深深地吸气，然后慢慢地吐气。

下面是另外一个练习。你含半口水，脸稍稍上扬，试着讲话、微笑，或者数数也可以，坚持一分钟。这个练习是为了防止你在演说时唾沫横飞。演说时很尽兴、很投入固然很好，但是，口水四溅就会让听众很不舒服，所以，为了让你的演说更完美，这些细节也要注意。

最后，我们来练习舌头在口中的转动。让你的舌头在口中扫过法令纹的内侧，先从右向左，再从左向右，练习三分钟，然后左右交叉进行。

舌头练习结束之后，再练习“唔”“咦”的发音。发“唔”这个音时，嘴巴要最大限度地收拢，发“咦”这个音时，嘴角要尽可能地向后，两个音交叉反复练习。

这个练习锻炼的是舌头和脸颊的肌肉，可以让声音传得更远。

面对墙壁练习发声时，右手轻轻握拳，拳中间中空，呈圆筒形；左手大拇指和食指做一个大圆形，其余的手指蜷向手掌，且构成的圆形渐渐变小，感觉像海螺的形状一样；把右手放在嘴前，左手放在左耳边，准备好之后，试着讲话，你现在听到的声音，就是别人耳中你的声音。

想要把声音传得远，就要先练习口部肌肉。模仿打哈欠时的口型，也能把声音传得很远，因为打哈欠时嘴巴会张的很大。你还可以在发声的时候，试着想象声音从鼻子发出。

以上几种练习方法，都能让你把声音传得更远。

为什么要练习让声音传得更远呢？这是为了能让你更好地掌控自己的声音，使你的演说更具有说服力。

经过上面一系列的练习之后，你可以试着想象房间里离你最远的地方站着一个人，为了能让这个人清楚地听到你的演讲，你需要尽可能大声地说话。

再假设这个人处于移动状态，在房间里走来走去，所以你要冲着不同的方向讲话。通过这个练习，你可以改善讲话时不断打结、吐字不清的状况，而且能够很好地锻炼语速。

如果你希望自己的气息更加稳定的话，可以试试这个方法，即在五十米加速跑以后立刻读报纸。这个练习能够帮助你在呼吸急促的状况下，也能很好地控制自己的声音。当你感到紧张时，呼吸会变得急促，而这个练习能够帮助你克服紧张时气息不稳定的问题。

做好上面这些练习之后，你就可以开始朗读演讲稿了。

记住，不要死记硬背，充分理解原稿的内容才是最重要的。如果所有的事前准备都按部就班地完成的话，你就不需要再担心了，这一定是一场非常完美的演说。

万一演说的前一天你感冒了，发不出声音来怎么办？我来教给大家一个小技巧。

遇到这样的状况时，你可以吸鼻子，这有点像吸鼻涕，即把鼻涕向鼻子里面吸的动作，坚持一分钟左右一直做这个动作。原理是什么我也不太清楚，但是一分钟以后，你的声音就不会那么沙哑了。这个小技巧是我原来的戏剧老师告诉我的，真的是立刻见效。

右手做成筒状放在嘴边，左手做成像海螺一样的形状贴近左耳。然后做发声练习，能够清楚地听到自己真实的声音。

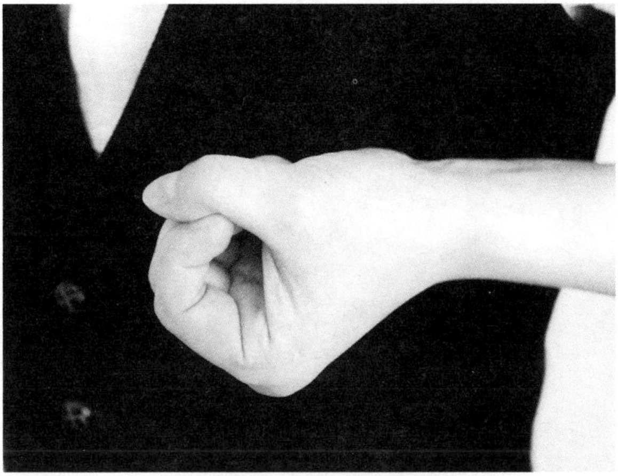

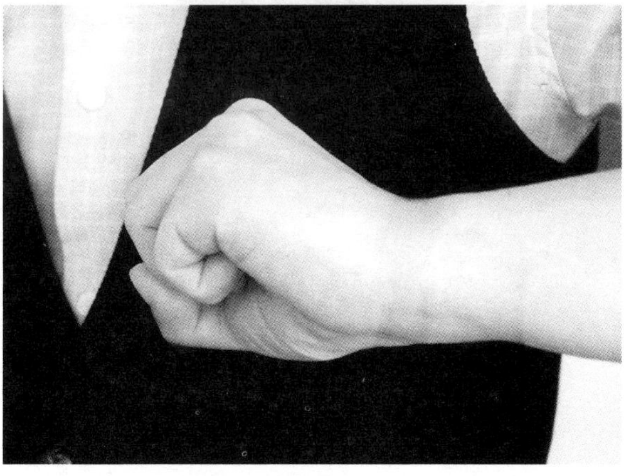

左手做成类似海螺的形状，大拇指合食指做成一个大圆，其余的手指蜷向手掌，且构成的圆形渐渐变小，小拇指的圆形最小。

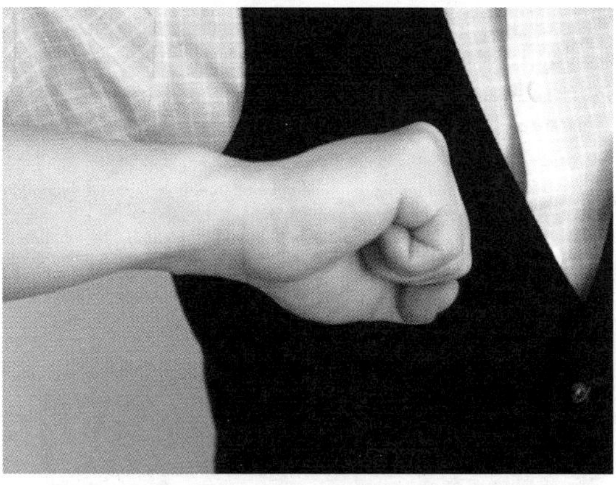

右手蜷成小筒状，感觉像是小朋友模仿演唱明星手拿话筒时的样子。

第29节 演说时姿态和视线的练习

首先，腰背挺直站立，身体稍向前倾，下巴微微往回收，这样的姿态会给人很挺拔、有自信的感觉。

我们感到非常紧张的时候，身体的重心会不自觉地向后移，这是因为我们在潜意识中“想要逃离”，而身体被潜意识所支配，就会做出这样的动作。这一潜意识下的动作，会让听众觉得你现在很紧张，想赶快逃离现场。

你可以保持头部固定，而让眼珠最大限度地向左、右、上、下四个方向移动，然后再转动一周。我们虽然心里想着要转动眼球，但实际上，黑眼珠并没有像我们想的那样转动得很到位。你可以在眼前30厘米左右的水平位置上放置一个物品（笔之类的，什么都可以），然后盯着这个物品，感觉像要把它看穿一样。这个练习可以增强你的“眼力”。

如果你养有金鱼的话，可以试着用眼睛“追”金鱼，这也是很好的锻炼眼睛的方法。如果没有养金鱼的话，你也可以去水族馆观察鱼的游动，用眼睛“追”着鱼儿们。

观察路上来往的汽车，也可以达到不错的效果。

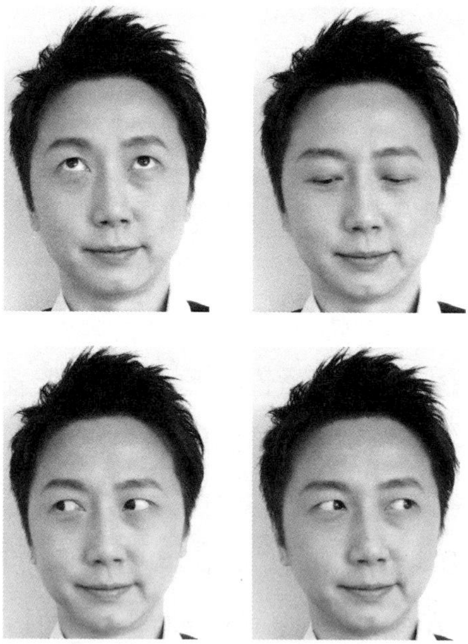

向上、下、左、右四个方向最大限度地移动眼球，然后再转动一圈。如果可能的话，把这一过程拍下来，确认自己的眼珠到底有没有转动到位。

第30节
提高记忆力和注意力的练习

下面介绍几个简单的提高记忆力和注意力的方法，大家不妨尝试一下。

1）侧视练习

准备一副扑克牌，把每五张分成一组，背面朝上。

先取其中一组，用一分钟时间按顺序记住五张牌的花色、大小。然后把牌扣下，按顺序一边报出每张牌的花色、大小，一边把牌翻过来，以检查你的记忆是否正确。

一组一组地进行，直到把所有的牌都翻过来。

如果五张一组对你来说来很容易的话，那就试试把牌分成十张一组或十五张一组，或者减少记忆的时间也可以。

2）统视练习

统视练习，即尽可能地记住进入你视野里的景象的一种练习。

记忆景象的时候，你的头部要固定不动，也不能摆动，要在十秒钟之内完全集中注意力，注视正前方，观察你视野中的所有事物。然后，你要通过回想把你看到的人、事、物都写下来。

在写的时候，你只能写那些你很确定、很有把握的人、事、物，对于那些尚无把握的，或只是凭已有信息而猜测、联想的内容，都不能记录。

你可以试着在不同的地点和方位做这个练习，把你视野里的风景都记下来。

3）感测时间

你可以准备一个指针式的钟表，把表反扣过来，在心里默数六十个数，然后看看和表的节奏是否一致。

一般来说，大多数人数数的节奏要比时钟的节奏快。接下来，你可以调整一下自己数数的速度。看着钟表，记住一秒钟的节奏以后，再多重复几次上面的练习。

通过这个练习，我们的记忆力和注意力都会有很好的提高。

一开始，把每五张扑克牌分成一组进行练习，如果你很有自信的话，也可以一开始就记忆一整副扑克牌。

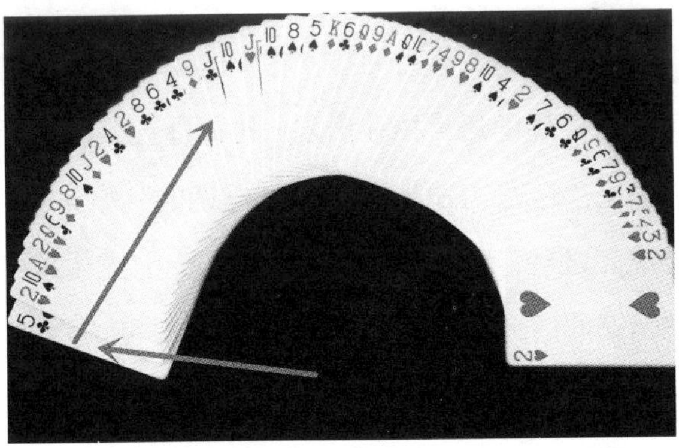

像这样把扑克牌展开，按顺序从头开始记住每张牌的花色、大小。一分钟以后，把牌反扣过来，在心里依次说出每张牌的花色、大小。

4）在脑中再现眼前的事物

注意力，是我们高效完成工作的必要能力。通过日常的训练，我们的注意力也可以得到提高。

接下来的几节，我会向大家介绍一些我在做演员的时候学到的技巧。

演员在演戏时，注意力必须高度集中，只有这样，才能彻底投入到自己所演绎的人物中去。与之相反，如果注意力不够集中的话，演员就无法融入人物，观众自然也感受不到角色的灵魂。所以对演员来说，注意力是十分必要的能力。

你可以试着在大脑中再现看到过的事物，杯子、椅子等什么都可以，仔细观察身边的某个物品，不要放过每一个细节。然后闭上眼睛，努力回想，在大脑中勾画出它的形状，再用尽可能详尽的语言描述出来。比如你观察的是个杯子，你可以描述“它高10厘米左右”“是透明的”等等。

描述完之后，再仔细看一遍，确认你的描述是否有误。如果有错误的话，那就再重复一遍刚才的步骤，直到准确无误为止。

当我们把注意力集中在一点上的时候，恰是注意力最集中的时候。

5）在脑中再现房间的布局或者窗外的风景

在进入房间之后，迅速观察房间里的陈设，然后闭上眼睛，在脑中勾画出房间里的所有细节，从右到左或者从左到右都可以，总之按你自己的习惯来就行。

然后，尽可能详细地描述出房间里的情景：“有沙发、茶几、书桌……”

记忆完房间内部的陈设之后，可以试试我在前面提到的记忆力训练法，即记忆窗户外面的风景。

需要注意的是，你每次观察时，都要选择不一样的视角。在观察物品时，你每次可以更换不同的物品，在观察房间时，你每次可以变换观察的角度。每次都要挑战记住不同的事物和景象，直到每次都能准确无误。

上面说的这些练习方法都是“静视”，即观察静止的事物。接下来，你可以试试“行视”，即观察移动中的事物或在移动中观察事物。

比如，你可以快速绕房间一周，在四秒钟内记住房间内的物体。然后闭上眼睛，一边回想，一边说出房间里都有什么，如椅子、镜子、床等等。你可以留意马路上疾驰而过的汽车，并试着记住车牌号，然后回想车牌上都有哪些字母和数字。这也是很有效的练习方法。

经过静止观察、在脑中回想再现、用语言描绘等一系列步骤之后，你可以开始试试“行视”，即边走边观察。

每天坚持做这些练习，能让你的大脑越来越灵活。总有一天，你的眼睛会像闪电一样，瞬间“抓住”眼前一闪而过的事物。这样的练习不仅可以锻炼视觉灵敏感，还可以激发大脑的想象力和瞬间的高度注意力。

6）用小球进行练习

准备二十个左右、高尔夫球大小的各色小球。将它们混入箱中，然后闭上眼睛，用两只手抓起小球，放到和眼睛等高的位置，在睁开眼睛的同时放手，让小球自然落下。

在小球落下的瞬间，快速记住它们的颜色。

这个练习也可以提高·注意力。

不管是哪种练习方法，只要坚持十天，你就会发现自己有很大的进步。

准备像这样的颜色不同的小球，把它们放入箱子或者桶之类的容器里。如果没有容器的话，也可以只是闭着眼睛抓球。

双手像这样抓球，抓球时一定要闭着眼睛。放开球的瞬间，请睁开眼睛。

心理小测试

一道93%的人都会算错的题

在本书第一部分，我曾经提到过影响我们大脑的各种因素。接下来，我们就来做一个心理小测试，具体感受一下，某些客观因素是如何欺骗我们的大脑的。

这是一道绕晕过很多人大脑的算术题，让我们一起来看看：

三位好友一起出去旅游，然后订了一家高级酒店。房费一共3000元，于是每个人分别拿出1000元交了房费。第二天退房后，酒店老板发现房费在打折后只用去了2500元，于是叫服务员把剩余的500元还给那三个人。

服务员心想，如果把500元还给三个人，那他们怎么分呢？如果只还300元的话，他们不就好分了吗？于是服务员就偷偷往自己兜里揣了200元，只把剩下的300元还给了那三位旅客。

三位旅客每人分到100元后，也开开心心地回家了。

那么，问题来了。

让我们回过头来看看：

刚开始他们每个人付了1000元，而服务员还给了他们300元，也就是说，三位旅客其实每个人只花了900元，对吧？

3个人乘以900元等于2700元，就是说，三个人一共付了2700元，没错吧？

然后再加上服务员偷偷拿去的200元，2700元加200元等于多少呢？ 2900元？还有100元去哪里了呢？

难道是我们算错了吗？

聪明的你知道为什么吗？我来告诉大家，我们究竟忽略了什么。

其实，只要我们换到老板的角度来看问题，答案就出来了。

现在的情况是：

老板手里有2500元，三个人手里有退回来的300元，服务员手里有200元，三者相加正好是3000元。

看到这里，你又会觉得：“对啊！那我怎么就算错了呢？”究竟大家是在哪个地方被误导了呢？

其实是在这里：2700元。

2700元是三个人付款的总额，2700元等于老板手里的2500元加上服务员手里的200元。也就是说，2700元里已经包含了200元，所以再加上200元是没有道理的。

如果你被误导认为加上200元才是正确的，那么你就成了93%的“先驱者”！

怎么样？现在释怀了吗？

这是我个人比较喜欢的一道典型的心理诱导型算术题。在“心理术”里面，这就是我们前面提到的“错误引导”（Misdirection）。

其实，我们无时无刻不在有误导性的话语中生活，一不小心就会掉进语言的陷阱而伤害到自己。

这个测试的目的也正在于此。

无论遇到任何事情，首先我们要冷静下来，换个角度来思考一下，或许就会有另外一种答案了！

结语

关于“心理术”的各种技巧你都掌握了吗？

为了学习心理学，我阅读了大量的书籍，在学习过程中，我萌发了创造“心理术”的想法。

我一直在思考：“如何将心理学的知识更好地展现给大家呢？”

很多人都具备心理学的知识，但是不知道如何运用表演的手法把枯燥的知识转化成震撼人心的表演。我尝试了很多种方法，试图找到最能打动人心的表演方式。最后，我意外地发现，心理测试是很不错的方式。

虽然是简单的心理测试，但在观众看来很像是在“读自己的心”，像“读心术”一样。为了达到“读心”的效果，需要具备很强的观察力。表演中不允许出现任何失败，失败一次就很难再有下次机会。如果你问我“表演百分之百会成功吗”，其实我也无法保证。

虽然无法保证百分之百会成功，但是如果了解“心理术”的知识和理论的话，任何人都可以尝试“心理术”。

这本书就教授了“心理术”最基础的理论知识。

我们的大脑有很强的观察力，但同时，大脑又很容易“被骗”。比如，生活中必须要用到的东西，我们反而常常忘记带，或者不记得把钥匙放在什么地方了，类似这样的事情经常发生吧？那是因为我们的大脑忘记了“明天要带这个”，忘记了“把钥匙放在这里了”。

我们每天要接触很多信息，这些信息最先进入“瞬间记忆”，只有被注意到的“瞬间记忆”才会进入“短时记忆”，同理，只有被注意到的“短时记忆”才有可能变成“长时记忆”。我们之所以会“健忘”，是因为这些事并没有引起你足够的重视。

我们往往以为自己记住了，其实，在潜意识中，我们根本就没打算记住。大脑的这一特质恰恰可以被利用在“心理术”中，简单地说，“心理术”就是利用了大脑的盲点。

最后，希望“松明的心理术”对你的工作和生活有所帮助，让你找到自己的成功钥匙。

松明

尾声

感谢各位能读完这本书，本书所介绍的是有关“心理术”中的一部分技巧，但是“心理术”是一个庞大的知识体系，包括有心理学、人体工学、NLP语言编程系统、大脑科学、肌肉阅读法、记忆术、催眠暗示等等等等，本书所未能涵盖的内容还有很多很多。

本书里的技巧也是以通俗易懂的方式来分享给各位，如果有对“心理术”或者对灵活运用潜意识有兴趣的读者，请关注我的微博和微信平台，还有“喜马拉雅有听”上的《松明心理术特别教学》专题节目，在那里有更多未公开的新内容。

谢谢！

松明

参考文献

Emest ,Hilgard&Rich C.Atkinson .Atkinson&Hilgard's Introduction to Psychology,14e.

Wiseman,Richard.Quickology How We Discover The Big Truths In SmallThings .

Wiseman,Richard.Rip It Up: The radically new approach to changing your life,2002.

Ekman,Paul&Friesen,Wallace V.UNMASKING THE FACE. MALORY BOOKS,1975.

Ekman,Paul.Telling Lies.W . W . NORTON,1992.

Ekman,Paul.Ernotions Revealed.TIMES BOOK,2003.

Ekman,Paul.Facial Expressions.American Psychologist. Vol.48,No.4,384-392.

Ekman,Paul.Why Don't We Catch Liars ? Social Research. Vol.63,No.3,801 -817,1996.

Ekman,Paul&L.Rosenberg,Erika. What The Face Reveals.

Oxford University Press,1977.

Drayton,H.Human magnetism.New York:1899.

Silver,Tom.Ultimate Shock Induction (Video).

Silver,Tom.Secret of Shock and Instand Induction (Video).

Hunter,Rudy.Tree Reading (Video).

Ormond,Mcgill.The new encyclopedia of stage hypnotism.

Jaquin,Anthony.Reality is Plastic.UKHTC,2007.

O'Hanlno,William Hudson,&Martin,Michael.Solution-Oriented Hypnosis,1992.

O'Hanlno,William Hudson.Taproots.Underlying Principles of Milton Erickson's Therapy and Hypnosis.New York : Naton,1987.

Zeig,Jeffrey K.Experiencing Erickson.New York : Brunner/Mazel,1985.

Zeig,Jeffrey K.A Teaching Seminar With Milton H.Erickson.New York : Brurmer/Mazel,1980.

Haley,Jay.Uncommon Therapy.New York : Norton,1973.

Haley,Jay.Conversations with Milton H.Erickson,M.D.Vol.1&2. New York : Triangle,1985.

Riggs,John.Fat-Free Mentalism.

Riggs,John.The complete Fortune Teller.

Stagnaro,Angelo.Something from Nothing.

Stagnaro,Angelo.European Mentalism Lecture,2005.

B.Anderson,George.Dynamite Mentalism,1979.

Rowland,Ian.Full Facts Book of Cold Reading 3rd Edition,2002.

Knepper,Kenton&Tank,J.Completely Cold.

Knepper,Kenton.SAR.

Knepper,Kenton.Miracles of Suggestion,2002.

Knepper,Kenton&The S.E.C.R.T,School.Mind Reading,2005.

Knepper,Kenton&Steven Sikes,Rex.Wonder Readings,1999.

Knepper,Kenton.Wonder Words1.

Knepper,Kenton.Wonder Words2.

Knepper,Kenton.Wonder Words3.

Dewey,Herb.Mindblowing Psychic Readings.

Dewey,Heab.Psycho-Babble.

Dewey,Heab.&K.Saville Thomas.King of Cold Readers.

Dean,Jeremy.How to be creative.

Webster,Richard.Quick and Effective Cold Reading.

Webster,Richard.Commercil Cold Reading (Audio).

Webster,Richard.Furher Commercil Cold Reading (Audio).

Trickshop.MASTERING HYPNOSIS,2001.

Brown,Derren.Tricks of the Mind,2007.